상식으로 꼭 알아야 할

세계지도
지리 이야기

디딤 **편저** | 서영철 **그림**

(주)삼양미디어

 **머리말**

인간의 역사와 더불어 발전해 온 지도의 역사

아주 오래전 태고의 인간은 동굴 벽이나 바위에 사냥감이 많은 장소나 열매를 많이 맺는 나무가 있는 곳의 위치를 새겼다. 그들의 이러한 행위, 다시 말해 지도를 만들어 식량의 위치를 기록하는 일은 생명을 연장하기 위한 절박한 행위였다.

그 후 오랜 세월 동안 인간은 지도를 만들기 위해 기나긴 투쟁을 치렀고 암흑의 세계는 차츰차츰 지도 위에 그 모습을 드러내었다. 이제 인간은 위성을 쏘아 올려 지구 곳곳의 사진을 수집하고 지구 구석구석을 생생하게 들여다보게 되었다. 그뿐인가. 통신기기의 발달로 우리는 언제 어디서나 필요한 지도를 손안에 펼쳐 볼 수 있게 되었다. 터치 하나로 자신의 손끝에서 지도를 펼쳐 볼 수 있는 세계에 살게 된 셈이다.

이처럼 지도는 인간의 역사와 더불어 변신하고 발전해 왔다. 어떤 특정한 지도를 이해하는 일은 인간이 그 지도를 만들 당시 세계를 어떻게 이해하느냐에 대한 대답이기도 했다. 그런 이유로 지도는 위치를 알려 주는 것과는 전혀 상관없는 기능을 하기도 했다. 중세 유럽에서 만들어진 TO 지도의 경우, 당시의 기독교적 세계관을 지도에 담고 있다. 바다로 둘러싸여 있는 둥근 땅 위에 T형으로 바다가 있으며, 중앙에는 영원의 도시 예루살렘이 자리 잡고 있다는 것. 후세 사람들은 이를 지도라기보다는 신앙 고백으로 이해한다. 이처럼 지도는 그 지도가 만들어진 시대의 종교, 역사, 정치를 이해하는 나침반이다.

이 책에서는 세계를 읽는 새로운 방식을 소개하고자 한다. 이미 독자들이 눈치챘겠지만 그 새로운 방식이란 바로 지도이다. 이 책에서 지도는 과거의 갈피 속으로 사라진 역사를 읽어 내는 망원경의 역할을 하기도 하며 지금 우리가 살고 있는 지구 곳곳의 새로움을 탐구하는 현미경이 되기도 할 것이다.

1장에서는 지도에 대한 일반적인 상식을 깨는 흥미로운 사실이나 지도에 담긴 이데올로기들을 찾아 소개하고, 2장에서는 고대에서 현대에 이르기까지 인간의 지도 제작 역사를 한눈에 볼 수 있도록 엮었다. 3장에서는 우리가 살고 있는 지구의 미스터리한 현상이나 각 지역의 특이할 만한 역사적 사실, 그리고 그곳에서 전해 내려오는 전설이나 유래 등을 모아 엮었다. 아시아, 유럽, 아메리카, 아프리카, 오세아니아와 남극, 북극 등 대륙별로 나누었고 '무 대륙' 이나 '아틀란티스 대륙' 처럼 지금은 사라졌지만 존재했다고 여겨지는 대륙에 관한 이야기들도 수록하였다. 또한 각 지역에 관한 사진과 지도를 곁들여 마치 지도를 펼치고 직접 여행하는 것처럼 생생하게 정보를 전하고자 했다.

모쪼록 독자 여러분이 이 책에서 발견한 지도로 세상에서 가장 흥미진진하고 유익한 세계 여행을 경험했으면 하는 바람이다.

디딤

차 례 CONTENTS

머리말

Part 1 | 지도 탄생의 미스터리

Chapter 01 지도의 진실에 관한 미스터리

- 우리가 쓰는 세계지도는 틀렸다? _13
- 진짜 세계의 중심은 어디일까? _16
- 만약 지도를 180도 돌려서 본다면? _18
- 일부러 오류투성이의 지도를 만드는 이유? _19
- 스위스 지도, 예술의 경지에 오르다? _21
- 지구는 거대한 퍼즐이었다? _22
- 아프리카의 국경선이 직선인 이유? _25
- 경도 0도는 런던이 아니었다? _27
- 지도에 국경선이 없는 지역? _28
- 지도상에 색깔 없는 지역의 정체는? _29
- 국가의 수가 점점 늘고 있다? _30
- 황색, 백색, 적색, 흑색! 왜 바다에 색깔이 있을까? _32

Chapter 02 오래된 지도 속의 미스터리

- 세계 최초의 지도는 누가 그렸을까? _35
- 최초의 여행 안내도는 로마에서 탄생했다? _38
- 얼음 나라의 아홉 세계를 그린 지도? _39
- '일곱 개의 바다'는 어디를 말하는 것일까? _42
- 아서왕이 잠든 아발론은 어디? _45
- TO 지도는 동쪽이 위에 있다? _47
- 아메리카를 처음 발견한 사람은 중국인? _48
- 빈란드, 위조 지도의 등장? _50
- 500년 전 지도 속의 수수께끼 대륙은 남극? _52
- 달의 지도, 누가 최초로 그렸나? _54
- 물개 가죽으로 만든 지도? _56

The Story of the World Map and Geography

Chapter 03 우리나라 지도에 얽힌 미스터리

- 고지도 속의 독도는? _ 59
- 천하도, 상상 속의 기묘한 세계지도? _ 61
- 김정호가 직접 걸어 다니며 만들었다는 것은 거짓말? _ 63
- 대동여지도가 3층 높이나 된다고? _ 66
- 미국 지도·영국 지도·일본 지도, 한목소리를 내다? _ 70

Chapter 04 현대 지도에 담긴 미스터리

- 탈옥을 위해 지도를 만들다? _ 73
- 우표 속의 지도 때문에 싸우다? _ 74
- 제멋대로지만 아주 훌륭한 지도? _ 75
- 앤디 워홀이 그린 군사 지도? _ 78
- NASA, 세계에서 가장 완벽한 지도를 만들다? _ 79
- 세계에서 가장 작은 세계지도? _ 81
- 쓰나미를 예측하는 지도? _ 82
- 종이 지도는 사라질까? _ 84

Part 2 | 한눈에 보는 세계지도의 역사

Chapter 05 고대 세계의 지도 역사

- 최초의 과학적 세계지도를 생각한 고대 그리스 _ 91
- 프톨레마이오스가 그려 낸 놀라운 세계지도 _ 93
- 서구보다 더 일찍 지도제작술에 눈뜬 고대 이슬람 _ 94
- 프톨레마이오스의 지도에 버금가는 세계지도를 펴낸 알 이드리시 _ 96
- 고대 중국에서도 놀라운 지도가 그려졌었다! _ 99
- 우리는 언제부터 지도를 그렸을까? _ 100

Chapter 06 중세, 근세 대항해 시대의 지도 역사

- 지도 제작의 암흑기, 중세시대 _ 105
- 프톨레마이오스의 재발견으로 획기적 전환점을 맞다 _ 107
- 콜럼버스가 발견한 신대륙이 추가된 신세계지도 _ 109
- 지리상의 발견이 지도학의 부흥으로 이어져…… _ 110
- 세계지도 제작의 명인들이 탄생하다 _ 112
- 중국 중심의 세계지도를 펴낸 마테오리치 _ 115
- 동아시아의 지도를 더욱 발달시킨 지도학자들 _ 118
- 조선인이 그려 낸 세계지도가 있었다 _ 120

Chapter 07 세계 탐험, 제국주의 시대의 지도 역사

- 근대 지도 제작의 주도권을 쥐는 프랑스 _ 123
- 북아메리카를 정확히 묘사한 프랑스 지도 제작의 아버지, 니콜라 상송 _ 125
- 18세기 세계지도의 최고 문제아, 태평양 _ 126
- 인도의 지도가 그려지기까지…… _ 128
- 드디어 세계지도에 포함되는 오스트레일리아 _ 130
- 점점 과학적인 모습으로 변해가는 한반도 지도 _ 131
- 우리 힘으로 일궈 낸 조선의 세계지도 _ 133
- 우리나라 전도도 획기적인 발전을 이루다 _ 134
- 일본인들이 그려 낸 세계지도가 있었다 _ 135

Chapter 08 권력에 얽힌 근대와 현대로 이어지는 지도 역사

- 북아메리카를 놓고 벌어진 열강의 지도 전쟁 _ 139
- 영국이 그린 북아메리카 지도 _ 141
- 아프리카 지도의 국경선 쟁탈전 _ 141
- 권력 쟁탈로 변화를 거듭하는 이스라엘과 팔레스타인의 국경 지도 _ 145
- 지도의 지명 하나에도 정치 권력이 작용한다 _ 147
- 우여곡절을 겪는 동해의 지명 변천사 _ 148
- 근대에서 현대로 이어지며 발달하는 지도제작술 _ 151

The Story of the World Map and Geography

Part 3 | 재미있는 세계 지리 이야기

Chapter 09 아시아 대륙의 미스터리

- 모래사막을 방황하는 호수? _ 157
- 바다표범이 사는 따뜻한 호수? _ 159
- 에베레스트산, 높아지고 있을까 낮아지고 있을까? _ 160
- 에베레스트산보다 높은 신비의 산? _ 162
- 인도네시아의 수수께끼 섬? _ 164
- 소금호수인 사해가 소금밭이 된다고? _ 165
- 말라카 해협에서 사고가 잦은 이유? _ 168
- 중국에 시차가 없는 이유는? _ 170
- 영국 해안이 일본에 있다고? _ 171
- 바다를 걸어서 갈 수 있는 섬? _ 173
- 중국의 영토가 넓어질 수 있었던 이유는? _ 175
- 이스라엘은 여전히 국가 없는 땅? _ 178

Chapter 10 유럽 대륙의 미스터리

- 터키, 아시아일까 유럽일까? _ 183
- 칼리닌그라드, 러시아에서 먼 러시아? _ 185
- 주변 나라에 세금을 내는 나라 '안도라 공국' _ 187
- 이탈리아인들은 왜 국가에 대한 귀속의식이 약할까? _ 188
- 노르웨이는 북쪽으로 갈수록 따뜻해지는 나라? _ 190
- 아이슬란드는 매년 영토가 넓어진다고? _ 192
- 얼음으로 뒤덮인 그린란드가 '녹색의 나라'라고 불리는 이유? _ 194
- 이탈리아 지도에는 모나코가 둘? _ 197
- 투발루가 국기 모양을 세 번이나 바꾼 이유? _ 199

- 스페인과 프랑스 국경 지대에 별스런 민족이 있다? _ 200
- 바티칸은 가장 작으면서 가장 큰 나라? _ 202
- 몰타 기사단국, 빌딩 한 채가 나라 땅 전부? _ 204
- 부자들이 좋아하는 화려한 나라 '모나코 공국' _ 207
- 지중해는 지구 여기저기에 있다? _ 208
- 유럽의 산과 강 이름은 모두 켈트인이 지었다? _ 210

Chapter 11 아메리카 대륙의 미스터리

- 베링 해협의 형제 섬이 각기 다른 나라에 속한다고? _ 213
- 남미에 빙하가 자라고 있다고? _ 216
- 알래스카, 러시아가 미국에 판 보배라고? _ 217
- 포 코너즈, 한 번에 네 개의 주를 방문할 수 있는 곳? _ 219
- 미국에서도 유럽의 거리를 걸을 수 있다? _ 221
- 캐나다 오카에서 일어난 소수민의 투쟁? _ 223
- 하와이 섬이 지금도 이동 중인 까닭은? _ 224
- 캐나다 한복판에서 우크라이나어를 써도 좋다고? _ 227
- 우루과이는 남미의 스위스? _ 228
- 코스타리카 국민이 행복한 이유? _ 230
- 알래스카의 빙하는 북쪽보다 남쪽에 많다? _ 231
- 극지에서 살아남는 이누이트만의 비법! _ 233
- 포로로카 현상, 하류에서 상류로 흐르는 강? _ 235

Chapter 12 오세아니아 대륙의 미스터리

- 바닷속에 무지개빛 왕국이 있다고? _ 239
- 핑크빛 호수가 있다? _ 241
- 공룡보다 나이 많은 고대 암석이 있다고? _ 243
- 섬 전체가 빨갛게 물드는 크리스마스 섬? _ 245
- 새똥으로 부자가 되었던 나라가 있다? _ 247

The Story of the World Map and Geography

Chapter 13 아프리카 대륙의 미스터리

- 실타래처럼 꼬인 미로 도시? _ 251
- 사하라 사막에 기린이 살았다고? _ 253
- 줄어들며 이동하는 호수가 있다고? _ 256
- 적도에도 눈과 얼음이 있을까? _ 257
- 절대로 무너지지 않는 최대 유적지의 비밀은? _ 260

Chapter 14 남극, 북극의 미스터리

- 도대체 북극은 어디서 어디까지를 말하는 것일까? _ 263
- 표류하는 빙산의 주인은 누구? _ 265
- 똑같은 극지방이라도 남극이 북극보다 춥다! _ 267
- 하와이의 거대한 파도가 남극에서 시작되었다고? _ 268
- 남극에도 사막과 오아시스가 있다고? _ 270
- 남극 대륙에 거꾸로 흐르는 강이 있다? _ 273
- 얼음 대륙 남극에 노천 온천이? _ 274
- 수수께끼의 지하 호수 보스토크는 어디에? _ 277

부록 풀리지 않는 지구의 미스터리

- '잃어버린 무(Mu) 대륙'은 과연 실제로 존재했을까? _ 86
- 사라진 전설의 대륙, 아틀란티스 _ 152
- '아담의 다리'는 진짜 인공 구조물일까? _ 280

찾아보기

The Story of the World Map and Geography

Part 1

지도 탄생의 미스터리

chapter 01 _ 지도의 진실에 관한 미스터리

chapter 02 _ 오래된 지도 속의 미스터리

chapter 03 _ 우리나라 지도에 얽힌 미스터리

chapter 04 _ 현대 지도에 담긴 미스터리

chapter 01

지도의 진실에 관한 미스터리

The Story of the World Map and Geography

우리가 쓰는 세계지도는 틀렸다?

지금 우리가 세계지도로 많이 사용하고 있는 지도는 메르카토르 도법으로 그린 지도이다. 메르카토르 도법이란 네덜란드의 지도학자인 메르카토르가 1569년에 고안한 도법으로, 항해할 때 정확한 방향을 나타내는 지도 제작 방법이다. 메르카토르 도법으로 만든 지도는 각도 계산이 쉬워 항해용 지도로 편리하기 때문에 신대륙을 발견한 대항해 시대에 중점적으로 만들어졌고 이후 지금까지 가장 보편화된 지도로 사용되어 왔다.

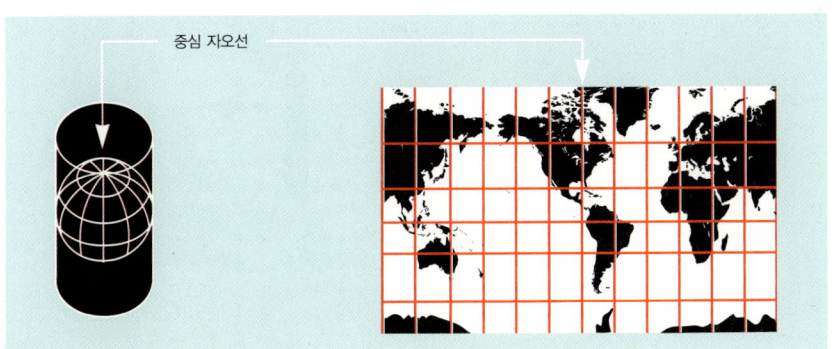

메르카토르 도법으로 지도를 만드는 방법
메르카토르 도법은 구면에서 잰 각의 크기가 바뀌지 않도록 평면에 옮긴 지도라 할 수 있다. 각을 유지한 대신 길이를 희생하였기 때문에, 메르카토르 도법에서는 극지방으로 갈수록 실제보다 크게 그림이 그려진다. 그래서 실제로는 남아메리카 대륙의 9분의 1도 안 되는 그린란드가 남아메리카 대륙보다 커 보인다.

그런데 메르카토르 도법에는 심각한 단점이 있다. 극지방으로 갈수록 면적이 심하게 확대된다는 점이다. 적도 부근은 거의 정확하게 나타낼 수 있지만 고위도 지방으로 갈수록 간격이 실제보다 확대되면서 왜곡되어 나타난다. 약 220만㎢인 그린란드가 769만㎢의 오스트레일리아 대륙보다 더 크게 나올 정도이다. 그래서 메르카토르 도법으로 만든 지도에는 미국을 포함한 북아메리카, 유럽 등은 크게 표현되는 반면 흔히 제3세계라고 불리는 중남미, 아프리카, 동남아시아 등은 작게 표현된다. 실제 면적으로 따져 본 국토 크기는 러시아, 캐나다, 중국, 미국, 브라질, 오스트레일리아, 인도, 아르헨티나 순이지만 메르카토르 투영법으로 제작된 지도에는 미국, 러시아, 유럽 등은 실제보다 크게 나오고 남미, 아프리카, 동남아시아 등은 상대적으로 작게 표현된다.

아르노 페터스 (Arno Peters, 1916-2002)

독일 출신의 마르크스주의 역사학자였던 아르노 페터스는 1973년 각국의 면적을 정확하게 반영해 만든 새로운 도법의 지도를 세상에 내놓았다. 그는 16세기에 만들어져 사용되어 온 메르카토르 도법 지도를 유럽 중심의 지도라고 비난하며 자신이 만든 지도가 그러한 점을 극복하였다고 주장하였다.
메르카토르 도법 지도는 원래 항해할 때 유용한 지도로 나침반의 각도와 지도상의 각도를 일치시키면 원하는 장소에 정확하게 갈 수 있도록 설계되었다. 대항해 시대라고 불리는 16세기에 꼭 필요한 지도였던 셈이다. 그러나 이 지도는 알게 모르게 왜곡된 사실(미국을 포함한 북아메리카, 유럽 등은 크게 표현하는 반면 중남미, 아프리카, 동남아시아 등 제3세계 국가는 작게 표현하는)을 유포하게 되었다. 아르노 페터스는 이를 비판하며 면적이 정확하게 나타난 페터스 도법의 지도를 사용해야 한다고 주장했다. 하지만 페터스 도법 또한 남아메리카와 아프리카의 길이를 늘려놓음으로써 지표면을 왜곡하였다는 등 부정확한 지도라는 비난을 받았다.

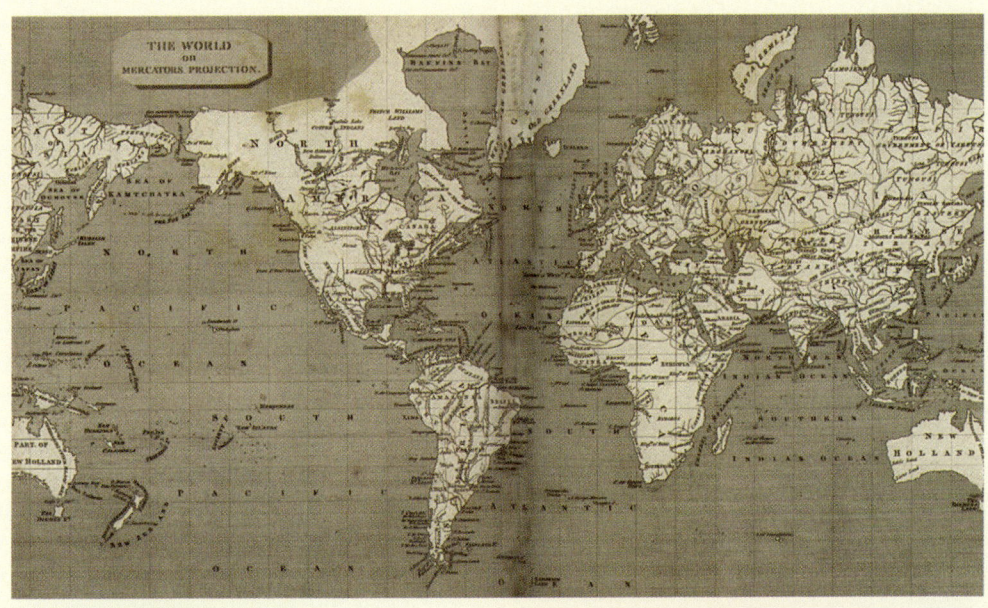

메르카토르 도법(위) 지도와 페터스 도법(아래) 지도
우리가 일반적으로 세계지도라고 알고 있는 '메르카토르 도법' 지도에 반기를 든 지도가 '페터스 도법' 지도이다. 페터스 도법은 각국의 면적을 실제와 거의 비슷하게 나타내는 방법으로 1970년대 아르노 페터스가 만들었다.

1970년대에 들어와 독일의 역사학자인 아르노 페터스(A. Peters)가 이러한 메르카토르 도법으로 만든 지도의 문제점을 지적하며 새로운 도법으로 만든 지도를 탄생시킨다. 이 도법에 의해 만들어진 세계지도는 각국의 면적을 실제와 거의 비슷하게 나타내고 있다. 그러나 오랫동안 메르카토르 도법으로 만든 지도를 봐 온 대다수의 사람들에게 페터스 도법으로 만들어진 지도는 생소하게 여겨진다. 즉 대다수의 사람들이 잘못된 지도에 익숙해진 채 살아가고 있는 것이다.

진짜 세계의 중심은 어디일까?

우리가 흔히 접하는 세계지도는 크게 두 가지이다. 하나는 아시아를 세계의 중심으로 놓은 지도이고, 다른 하나는 유럽을 세계의 중심으로 놓은 지도이다. 아시아를 세계의 중심으로 놓은 지도에서는 대서양이 둘로 나뉘어 있고 유럽을 세계의 중심으로 놓은 지도에서는 태평양이 둘로 나뉘어 있다.

그러나 우리가 흔히 세계의 중심국으로 생각하게 되는 나라인 미국을 세계의 중심으로 둔 지도는 없다. 왜냐하면 미국을 세계의 중심으로 두면 유라시아 대륙이 둘로 쪼개져 지도로 사용하기 불편하기 때문이다.

오스트레일리아에서 만든 남반구가 위쪽에 그려져 있는 지도는 우리가 익숙하게 생각하고 있는 세계지도와는 완전 딴판이다. 아시아를 중심으로 한 지도와 유럽을 중심으로 한 지도는 모두 북반구가 지도의 위쪽에 그려져 있다. 그런데 이 지도는 남반구가 위쪽에 그려져 있다. 이 때문에 이 지도에 익숙해지려면 상당한 시간이 걸릴 것 같다.

아시아를 중심에 둔 지도, 유럽을 중심에 둔 지도, 오스트레일리아를 중심에 둔 지도, 모두 다 그곳에 사는 사람들에게는 자신이 사는 곳을 중심으로 한 지도이다. 그렇기 때문에 세계의 중심은 단 하나뿐이라고 이야기하기 어렵다. 자신이 사는 그곳이 세계의 중심이기 때문이다.

그러나 그러한 생각이 지나치다 보면 옴팔로스 증후군(Omphalos Syndrome)에 빠질 수 있다. 옴팔로스는 라틴어로 '배꼽'이라는 뜻으로, 옴팔로스 증후군은 자신이 사는 곳이 세계의 중심이라고 생각하고 세상의 모든 현상을 자신들이 속해 있는 세계를 중심으로 판단하는 태도를 말한다. 고대인들이 그린 고지도나 천동설에서 그러한 태도를 살펴볼 수 있다.

만약 옴팔로스 증후군에 빠져 있다면 다양한 대륙에 살고 있는 사람

아시아를 중심에 둔 지도

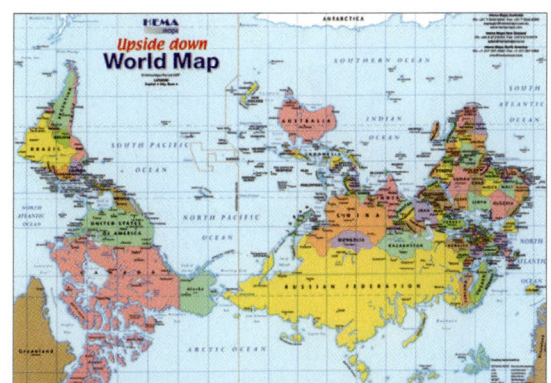
남반구가 위쪽에 놓인 오스트레일리아에서 발행한 세계지도

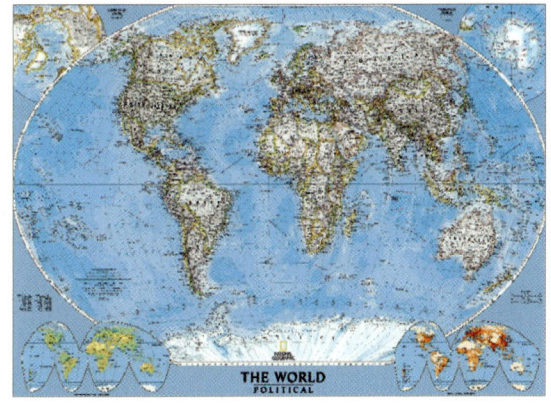
유럽을 중심에 놓은 내셔널 지오그래픽에서 제작·발행한 세계지도

들의 다양한 중심의 지도를 받아들이기 어려울 수도 있다. 하지만 글로벌 시대를 사는 현대인에게 자신이 생각하는 중심과 다른 사람이 생각하는 중심이 다르다는 것을 인정하는 태도는 필수적이다.

만약 지도를 180도 돌려서 본다면?

1970년, 오스트레일리아의 멜버른에 사는 스튜어트 맥아더(Stuart McArthur)는 열두 살에 특이한 형태의 지도를 그렸다. 남반구를 위쪽에 표시하는 세계 최초의 지도를 그렸던 것. 그의 지리학 선생님은 그에게 숙제를 다시 해 오라고 했다. 그러나 그는 포기하지 않았다. 1979년, 스물한 살이 되었을 때 그 지도를 다시 그렸다. 그 지도가 바로 〈맥아더 개정 범세계지도(McArthur's Universal Corrective Map of the World)〉로 지금까지 35만 부가 팔렸다. 이 지도의 원본에는 이런 글이 적혀 있다.

> 마침내 최초의 운동이 시작되었다. 영광스러우나 무시되었던 우리나라를 세계 권력 싸움의 어두운 심연으로부터 끌어내 정당한 위치로 올려놓기 위해 오래전부터 무르익은 성전(聖戰)에 첫발을 내딛었다. 오스트레일리아가 북반구의 이웃 국가들 위로 우뚝 솟아서, 우주의 지배적인 위치에 당당히 군림하는 것이다.

맥아더의 이 지도는 지도를 그릴 때 북쪽을 위로 그려야 한다는 우리의 통념을 뒤집고 있다. 지구는 둥글기 때문에 어느 한 곳을 딱 정해 중심이라

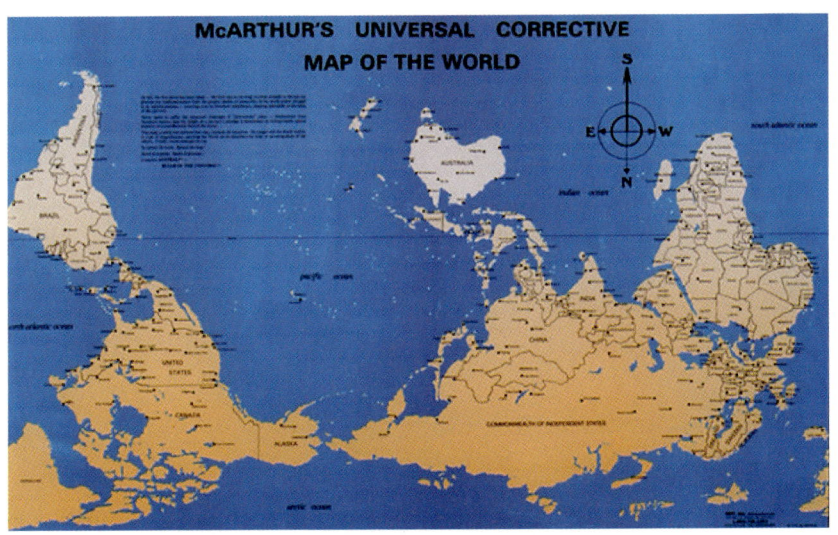

스튜어트 맥아더가 만든 이 세계지도는 오스트레일리아가 세계지도의 중심에 자리 잡고 있다.

고 이야기하기는 어렵다. 북쪽이 반드시 위쪽에 위치해야 한다는 법칙도 없다. 우리가 주로 사용하는 태평양을 중앙에 둔 지도, 유럽에서 사용하는 대서양을 중심에 둔 지도, 또 오스트레일리아에서 사용하는 180도 거꾸로 본 지도, 모두가 나름대로 세계지도이다.

일부러 오류투성이의 지도를 만드는 이유?

타이의 수도, 방콕 시내에는 좁은 골목길이 매우 많다. 게다가 복잡하게 구부러진 길들도 많아 시내 전체가 마치 미로 같다. 그래서 방콕 시내에 익숙하지 않은 외국인들은 지도가 반드시 필요하다. 그러나 방콕에서는 지도를 갖고 있어도 도움이 되지 않는 경우가 종종 있다. 그 이유는 타이 정부가 발행하는 지도에서는 좁고 구불구불한 길들이 대부분 생략되어 있고 직선이 아닌 길도 직선으로 표시되어 있기 때문이다.

그러나 이렇게 지도에 오류가 있는 것은 제대로 된 지도를 만들 수 없어 생긴 문제는 아니다. 타이 정부는 일부러 실제 지형과 다른 지도를 만들었다. 정확한 지형 정보가 적에게 노출되는 것을 막기 위해 일부러 정확하지 않게 지도를 만든 것이다.

지도를 국가 기밀로 취급하는 일은 세계적으로 드문 일이 아니다. 특히 냉전시대에 옛 소련은 오랫동안 대척도와 중척도 지도를 국가 기밀로 취급했다. 지금도 중국에서는 상세한 지도는 국가 기밀로 취급하고 있으며 제2차 세계대전 중에 일본에서 만들어진 지도도 군사 시설이 많은 지역은 백지로 표현하였다. 또 현재까지도 군사적 긴장 관계가 지속되고 있는 지역에서는 5만분의 1 척도의 지도와 그 이상의 대척도 지도는 국외로의 반출과 복사가 금지되고 있다.

일부러 지도를 틀리게 제작하는 이유는 또 하나 있다. 그것은 자신들이 만든 지도를 타인이 불법으로 복제했는지를 알아내기 위해서이다. 어떤 지도 전문 출판사에서는 지도를 만들 때 일부러 작은 마을의 이름을 잘못 표기하거나 마을의 위치를 잘못된 지점에 표시하기도 한다. 또 독일의 일반 지도를 보면 실제로 존재하지 않는 작은 하천들을 그려 넣는 경우가 있다. 이렇게 의도된 요소들을 넣으면 나중에 자신들의 지도를 그대로 베낀 것인지 아닌지 알 수 있다.

그러나 이러한 상황은 과학 기술이 발달하면서 변화하고 있다. 인공위성이 지상을 정밀하게 관찰하고 지구 곳곳을 촬영하기 시작하면서 더 이상 숨기려고 해도 완벽하게 숨길 수 없게 되었기 때문이다. 요즘에는 인터넷에서 지도를 검색하면 자신이 찾고자 하는 지역의 가로수나 간판까지 다 확인할 수 있으니 부정확한 지도 때문에 애먹을 일은 점점 없어지고 있다.

스위스 지도, 예술의 경지에 오르다?

지도는 일반적으로 지형과 장소를 알아보기 위해 사용된다. 그런데 이런 합리성과 실용성을 따지는 지도와는 완전히 다른 지도가 있다. 바로 스위스에서 만드는 지도다. 스위스의 지도는 예술작품이라고 할 수 있을 정도로 아름답다.

스위스의 지도는 정밀한 릴리프(Relief, 부조) 기법을 이용해 지형을 입체적으로 표시한다. 이뿐만 아니라 다양한 색깔을 이용해 그 안의 내용들을 아름답게 표현하고 있다. 등고선은 세 가지 색깔을 이용해 표시한다. 빙하는 파란색, 암석이 많은 곳은 검은색, 그 외의 지역은 갈색으로 표시한다. 그 중 파란색으로 표시된 알프스 산맥의 광대한 빙하 등고선은 마치 화가가 그린 그림처럼 매우 아름답게 펼쳐진다. 등고선 외의 정보들은 총 8가지 색을 이용해 표시한다. 예를 들어 식물은 녹색, 지표의 주름진 곳이나 그늘진 곳은 밝은 황색으로 표시하고 있다.

이렇게 릴리프 기법과 다양한 색깔을 이용하여 만든 스위스의 지도는 마치 예술 작품처럼 아름답다.

지표면의 기복, 경사의 정도를 색조를 이용해 지도에 입체적으로 나타낸 릴리프 기법의 지도

그래서 실용적인 이유보다는 감상하려는 목적으로 스위스 지도를 사는 사람들도 적지 않다. 이런 방법으로 지도를 표시하는 수법을 '스위스 수법'이라고 하는데, 이 스위스 수법은 전 세계적으로 인기가 매우 높다. 그래서 스위스 국토지리원은 북아메리카의 매킨리산과 아시아의 에베레스트산의 지형도를 그려 달라는 주문을 받기도 했다. 또 독일 등 인근 국가에서는 아예 이 스위스 수법을 직접 도입하기도 했다.

지구는 거대한 퍼즐이었다?

바다를 사이에 두고 나누어져 있는 각각의 대륙들을 자세히 보면 마치 퍼즐처럼 서로 맞물려 있다는 사실을 발견하게 된다. 아라비아 반도와 아프리카 대륙 사이에는 홍해가 길고 가느다랗게 자리하고 있다. 그러나 그 홍해의 폭은 거의 일정하다. 그래서 아라비아 반도를 남동쪽으로 약간만 이동시키면 아라비아 반도와 아프리카 대륙이 깔끔하게 맞물린다. 그것을 보면 원래 아라비아 반도와 아프리카 대륙은 하나였던 대륙이 둘로 나누어진 것이 아닐까 하는 생각을 하게 된다.

이번에는 남아메리카 대륙의 동쪽 해안선과 아프리카 대륙의 서쪽 해안선을 살펴보자. 브라질의 동쪽에 툭 튀어나온 부분이 아프리카 대륙 서쪽 해안의 움푹 파인 곳과 딱 들어맞는다. 이 두 해안선의 관계는 17세기에 유럽에서 처음 세계지도가 만들어질 때부터 큰 수수께끼로써 화제가 되었다.

미국의 지리학자 슈나이더는 이 수수께끼를 노아의 홍수와 결부시켰다.

슈나이더는 대홍수 당시 그 물의 힘 때문에 원래 하나였던 대륙이 남아메리카와 아프리카 대륙으로 쪼개졌고 그 사이에 대서양이 생겼다고 주장했다.

20세기가 되자 독일의 기상학자 알프레드 베게너(Alfred Lothar Wegener)가 '대륙이동설'을 주장하며 이 수수께끼에 접근했다.

베게너는 '대륙이동설'의 근거로 고생대 말기(약 2억 년 전) 빙하의 흔적이 남아메리카와 아프리카, 인도, 오스트레일리아, 네 개의 대륙에 남아 있다는 사실을 들었다. 즉 네 개의 대륙은 원래 붙어 있었다는 것. 그 외에도 베게너는 특수한 화석이 남아메리카와 아프리카에만 남아 있다는 사실과 남아메리카와 아프리카 대륙의 암석 성분이 똑같다는 사실도 '대륙이동설'의 근거로 들었다. 그 결과 당시의 연구자들은 고생대 말기에 존재했던 곤드와나 대륙이 몇 개로 분리되어 현재와 같은 대륙의 모습을 띠게 되었다는 대담한 가설을 도출하게 되었다.

그 가설에 따르면 약 3억~3억 5천만

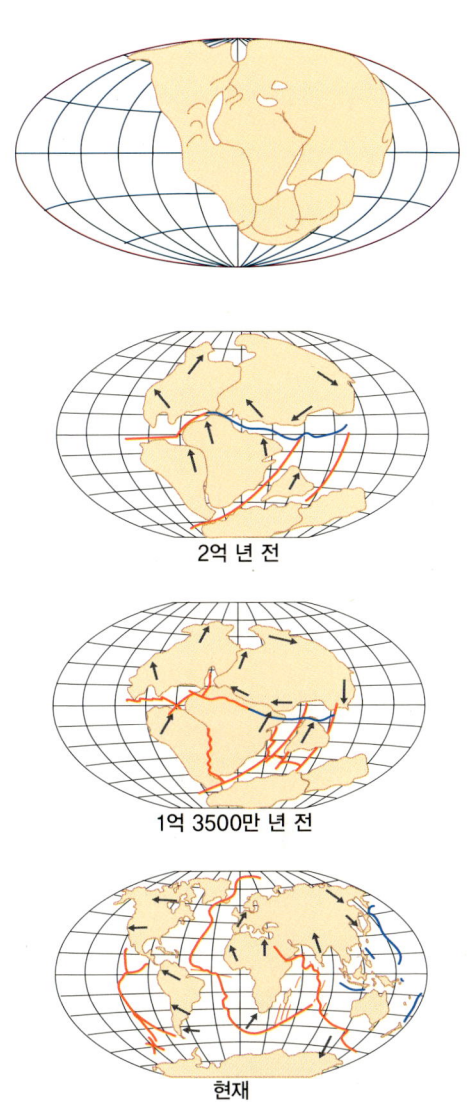

2억 년 전

1억 3500만 년 전

현재

— 열곡   — 해구

대륙이동설
가설 속의 초대륙, 판게아의 모습. 대륙이동설은 현재의 여섯 대륙이 한 덩어리로 이루어진 거대한 대륙인 판게아에서 갈라져 나와 만들어졌다는 이론이다.

> **판구조론**
> 판구조론은 지각과 지구 최상부 맨틀로 이루어진 암석권의 조각인 '판'이 맨틀의 대류 운동에 의해 움직이고 그 결과로 지진, 화산 활동, 산맥의 형성 등 다양한 지각운동이 일어난다는 이론이다. 지구 지각은 7개의 커다란 판인 북아메리카 판, 남아메리카 판, 유라시아 판, 태평양 판, 아프리카 판, 인도-호주 판, 남극 판과 중간 크기의 카리비안 판, 나스카 판, 필리핀 판, 아라비아 판, 코코스 판, 스코티아 판과 기타 작은 여러 개의 판으로 구성되어 있다.

년 전인 고생대 석탄기에는 '판게아(Pangaea)'라는 초대륙이 존재했다. 1억 8천만 년 전인 쥐라기에 판게아는 남쪽의 곤드와나와 북쪽의 로라시아로 나뉘었고 중생대에 들어서며 지금처럼 더욱 작게 쪼개졌다는 것이다.

하지만 베게너의 주장은 당시로서는 받아들여지지 않았고 베게너는 50살의 나이로 그린란드 탐험 중 실종되었다. 그 후 1960년에 이르러서야 오늘날 지구의 현상을 설명하는 가장 유력한 이론으로 평가받는 '판구조론'이 등장하면서 베게너가 옳았음이 밝혀졌다.

알프레드 베게너 (Alfred Lothar Wegener, 1880~1930)

1910년 베게너는 우연히 세계지도를 보다가 대서양의 양쪽 해안 굴곡이 서로 일치한다는 것을 발견했다. 그리고 원래 두 대륙은 하나가 아니었을까 하는 추측을 하게 되었다. 그로부터 그는 지구 짜맞추기의 수수께끼를 풀기에 골몰하였고 마침내 과거 하나였던 대륙들이 움직였을지 모른다는 대륙 이동(Continental Drift)의 가능성을 생각하였다.

그 후 베게너는 그의 생각을 뒷받침하기 위하여 수많은 여행을 통하여 증거를 수집하였다. 대서양 양쪽 대륙의 해안을 조사하여 그곳에 분포하는 암석들이 동일한 시기에 생성되었으며, 같은 종류의 생물들이 서식하는 것을 알게 되었을 때, 그는 확신을 가졌다. 그 후, 그 결과를 1912년 프랑크푸르트 암마인 학회에서 발표하고 1915년 소책자인 《대륙과 해양의 기원(The Origin of Continent and Ocean)》 초판본에서 이를 세상에 공개하였다.

그러나 베게너의 주장은 과학자들 사이에서 외면당했다. 대륙을 움직이는 힘이 무엇인지에 대한 명쾌한 설명을 하지 못했기 때문이다. 그러나 이 연구에 관심을 가진 학자들이 후대에 증거들을 과학적으로 설명하고 대륙을 이동시키는 힘은 맨틀의 대류라 제시하며 대륙이동설을 판구조론으로 발전시켰다.

아프리카의 국경선이 직선인 이유?

세계지도를 볼 때 한번쯤 갖게 되는 의문이 있다. 아시아와 유럽의 국경선은 대개 복잡하고 구부러지고 서로 얽혀 있는데 아프리카 대륙의 국경선은 자로 그은 듯 반듯하다. 왜 그런 것일까?

이는 19세기에 유럽의 강대국들이 자신의 편의대로 아프리카의 국경을 설정해 놓았기 때문이다. 아시아나 유럽의 국경이 산맥이나 강 등 인간이 생활하는 가운데 자연적으로 발생한 경계선인 데 반해 아프리카의 국경은 영국, 프랑스, 독일 등 유럽의 강대국이 아프리카 대륙에 대한 분할 협정을 맺어 아프리카 영토를 나누어 갖기 위해 인위적으로 그었기 때문이다.

강대국들은 아프리카 대륙에 예로부터 이어지고 있던 나라와 부족의 주거 지역을 무시하고 경도과 위도를 따라 선을 마음대로 그어 버렸다. 이 때문에 같은 민족이 몇 개의 나라로 쪼개져 살거나 한 나라에 몇 개의 다른 민족이 함께 살게 되었다. 이로 인해 아프리카 대륙에는 분쟁이 그치지 않았고 수많은 비극이 발생했다.

그 예로 1990년대에 수십만 명이 학살당하고 수백만 명의 난민이 발생한 르완다 내전을 들 수 있다. 이 분쟁은 과거 이곳을 식민 지배하던 벨기에가 서로 다른 부족인 후투족과 투치족을 같은 나라 안에 몰아 놓고 지배 계급과 피지배 계급으로 구분해 대립과 차별을 일으킨 것이 원인이었다. 이뿐만 아니라 아프리카에서 일어난 여러 분쟁들의 연원을 따져 보면 유럽 강대국들이 인위적으로 설정해 놓은 국경선 때문에 시작된 경우가 많다.

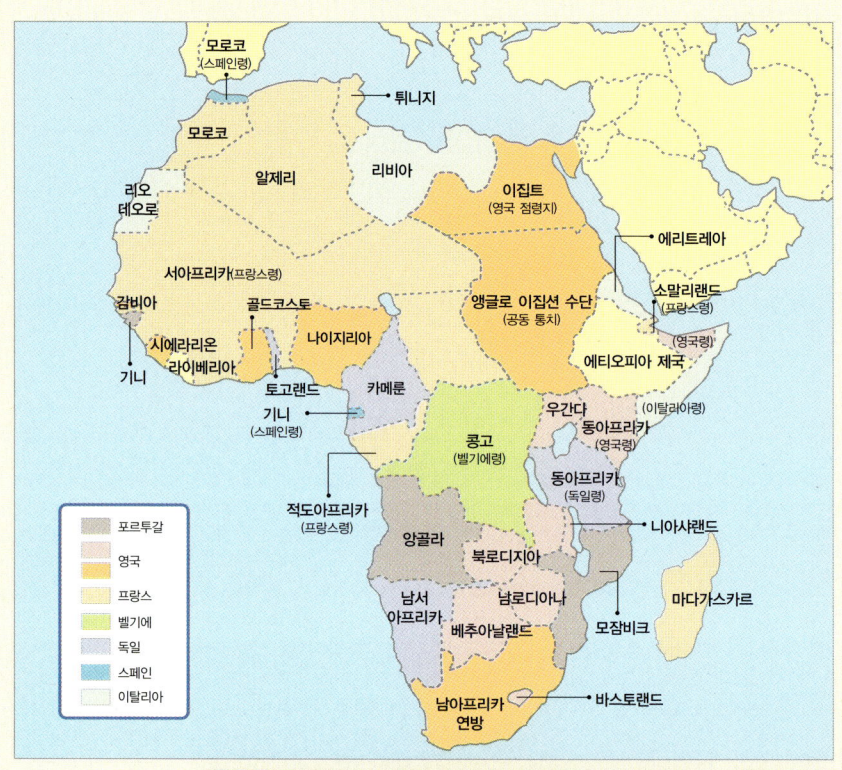

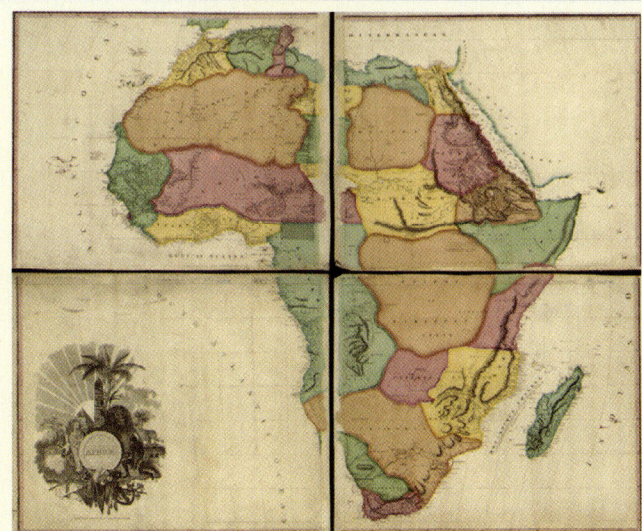

1914년의 아프리카 지도(위)
이때의 아프리카 국경선은 유럽 각국에 의해 인위적으로 설정된 것에 불과하다.

1800년대의 아프리카(옆)
헨리 솅크(Tanner, Henry Schenck)가 1831년 제작한 아프리카 지도. 각 나라의 국경선이 지금과는 많은 차이가 난다.

경도 0도는 런던이 아니었다?

지구에는 인간들이 인위적으로 정한 선이 있다. 위도와 경도가 바로 그것이다. 위도는 가로로 그은 선으로 적도가 기준점이 되는 0도이고 북극과 남극이 90도이다. 경도는 위에서 아래로 그은 선으로 그 기준점은 영국의 그리니치 천문대이다. 이 기준점을 본초자오선(本初子午線)이라 부르는데 경도 0도에 해당한다. 경도는 지구상의 가로 위치를 360도로 회전하며 표시한 값으로 0도의 오른쪽을 동경, 왼쪽을 서경이라 부른다. 경도 15도마다 1시간씩 차이가 생기며 그리니치의 동쪽은 이보다 시간이 빨라지고 서쪽은 1시간씩 늦어진다. 서울은 동경 127.5도에 위치하고 있지만 표준자오선은 동경 135도에 따르고 있어 우리나라 시간은 그리니치 표준시보다 9시간 빠르다.

그리니치 천문대가 처음부터 경도 0도였던 것은 아니다. 1884년 워싱턴 세계회의에서 런던의 그리니치 천문대가 경도의 원점으로 채택되었다. 1884년 당시에 영국이 세계의 패자로서 국제적인 권력을 갖고 있었던 데다 영국이 그 분야를 일찍부터 연구해 왔기 때문에 그 공적을 인정받은 점도 있다.

세로로 그은 선이 경도 0도, 가로로 그은 선이 위도 0도

그리니치 천문대(Greenwich Observatory)에 있는 본초자오선(Prime Meridian)

그리니치 천문대는 1675년 런던 교외 그리니치에 설립되었으나 1945년 런던 시가지의 공해가 심해져 이전하였으며 현재 본부는 케임브리지에 있으나 그리니치라는 명칭은 계속 사용하고 있다. 그리니치에 있는 본초자오선은 지구 경도의 원점으로 채용되었으며, 또 1935년부터 이 자오선을 기준으로 하는 그리니치 시(時)가 세계시로서 국제적 시간 계산에 쓰이게 되었다.

그리니치 천문대가 기준이 되기 전에는 다른 장소들이 기준이 되기도 했다. 16세기 후반의 대항해 시대에 영국의 표준자오선이 있던 곳은 대서양의 아조레스 제도였다. 프랑스는 스페인령 카나리아 제도를 표준자오선으로 삼았다. 이같이 그리니치 천문대가 기준이 되기 전에는 국가와 시대에 따라 표준자오선이 모두 달랐다.

지도에 국경선이 없는 지역?

세계지도에는 국경선이 애매한 지역이 있다. 이러한 지역은 인접한 두 나라 사이에 팽팽한 긴장감이 조성되어 있거나 분쟁이 있는 지역이다. 특히 인도와 파키스탄, 중국에 둘러싸인 카슈미르 지역은 대표적인 분쟁 지역으로 손꼽힌다.

인도와 파키스탄은 1947년에 영국령 인도에서 각각 독립했다. 영국이 지배하던 시기의 인도(현재의 인도와 파키스탄을 합친 지역)에는 어느 정도의 자치권을 인정받아 500개가 넘는 번왕국(藩王國, 영국 식민지시대 인도의 토후국)이 세워져 있었다. 영국에서 독립할 때 각각의 번왕국은 인도와 파키스탄 중 어느 쪽에 귀속될지 자체적으로 결정했다. 그런데 카슈미르 번왕국만큼은 사정이 좀 복잡했다.

카슈미르 번왕국의 왕은 힌두교도였는데 국민의 80%는 이슬람교도였다. 그래서 번왕은 인도에 귀속되길 바랐고 국민들은 파키스탄에 귀속되는 것을 원했다. 결국 이 갈등은 카슈미르를 둘러싼 인도와 파키스탄 전쟁으로 이어지게 되었다. 3차까지 계속되었던 인도와 파키스탄 전쟁은 현재는 휴전 중이다. 그러나 휴전 때마다 휴전선은 계속 이동했다. 그래서 이 지역의 국경은 지금까지도 유동적이다. 또 1962년에는 카슈미르 지방의 라다크 지역을 둘러싸고 중국과 인도 사이에 군사 충돌이 일어났다.

이런 이유로 카슈미르 지역에서는 인도, 파키스탄, 중국 세 나라가 카슈미르 지방의 영유권을 주장하며 한발도 양보하고 있지 않다. 인도와 파키스탄 사이의 경계선, 인도와 중국 사이의 경계선은 어디까지나 휴전선일 뿐이지 국경선이 아니다.

인도-파키스탄, 인도-중국 간 분쟁 지역, 카슈미르
2021년 2월, 인도와 파키스탄은 약 20년 만에 평화 협정을 맺었다. 그러나 카미슈르 지역을 둘러싼 인도와 중국 간의 충돌은 여전히 계속되고 있다. 이 지역의 지정학적 중요성으로 인해 인도-파키스탄, 인도-중국 간 분쟁은 언제든 재발할 수 있다.

지도상에 색깔 없는 지역의 정체는?

세계지도상에 소속이 분명하지 않은 채 하얗게 표시되어 있는 지역도 있다. 사할린 남부와 쿠릴 열도 지역 같은 경우이다. 쿠릴 열도를 둘러싼 영토 분쟁은 1856년으로까지 거슬러 올라간다. 러일전쟁에서 승리한 일본이 러시아와의 국경을 정할 때 쿠릴 열도 중 에토로후 섬과 우르프 섬 사이의 해협을 국경으로 정했다. 이후 1951년 샌프란시스코 강화 조약(제2차 세계대전의 종료를 위해 연합국과 일본이 맺은 조약)으로 일본은 사할린과 쿠릴 열도를 소련에게 넘겨주었다. 일본은 쿠릴 열도 중 최남단 4개의 섬인 에토로후 섬(러시아 측에서는 이투루프 Iturup 섬이라 부름), 쿠나시르 섬, 시코탄 섬, 하보마이 섬

일본과 러시아 간의 영토 분쟁이 계속 중인 쿠릴 열도
쿠릴 열도는 러시아 연방 동부 사할린과 홋카이도 사이에 위치한 화산 열도로 30개 이상의 크고 작은 섬으로 이루어져 있다. 러시아와 일본 간의 영유권 분쟁이 일고 있는 곳으로 일본은 쿠릴 열도 중 최남단 4개의 섬인 에토로후, 쿠나시르, 시코탄, 하보마이 섬을 북방 영토라 부르며 이에 대한 영유권을 주장하고 있다.

은 반환 영역에 포함되지 않는다고 주장하고 있고 러시아는 이 섬들도 인수했다고 주장한다.

러시아와 일본이 이렇듯 이 지역을 포기하지 못하고 영유권 주장을 하는 것은 이 지역이 해양경제 및 군사적으로도 중요한 요충지이기 때문이다. 그래서 지도를 제작하고 있는 회사는 사할린과 쿠릴 열도의 영토 문제가 아직 교섭 중이라는 의미로 그 지역은 하얗게 놔두었다.

국가의 수가 점점 늘고 있다?

지구에는 몇 개의 나라가 있을까? 인터넷에서 검색해 보면 쉽게 알 수 있을 것 같지만 실제로는 그렇지 않다. 국가의 수를 집계하는 기관에 따라 그 수가 다르기 때문이다. 정확한 집계가 어려운 이유로 새로운 국가가 계속 탄생한다는 점도 들 수 있다. 서로 분쟁 상황에 있던 민족, 집단들이 국가로 독립하면서 국가 수가 늘고 있기 때문이다.

현재 UN에 가입해 있는 국가는 192개국이다. 그러나 이는 UN 가맹국의 숫자일 뿐 세계의 모든 국가를 포함한 숫자는 아니다. 1945년 UN이 만들어진 이래 가맹국의 숫자가 늘고 있다는 점도 감안해야 한다. UN이 처음 생겼을 때 가맹국은 51개국에 불과했다. 그러나 아시아, 아프리카에서 독립하는 나라가 늘어나면서 1980년에는 100여 개국으로 늘어났다. 우리나라도 1991년에야 북한과 함께 UN 가맹국이 되었다.

UN 가맹국보다 훨씬 많은 국가들이 속해 있는 국제기구가 바로 FIFA이다. 현재 FIFA 가맹국 숫자는 208개국으로 UN 가맹국 숫자보다 많다. 이외에도 세계은행에서 추산하고 있는 국가 수는 229개국, 비독립국을 포함하여 국제법상에서 인정하는 국가 수는 242개국이다.

어떤 나라들이 국가로 추산되기도 하고 빠지기도 하는 걸까? 세계에서 가장 작은 독립국인 바티칸 시국의 경우, 국가로서 인정받고 있지만 UN에는 가입하고 있지 않다. 또 중동 분쟁의 핵심인 팔레스타인 자치 정부 또한 자치권을 갖고 아랍 연맹에도 가입해 있지만 UN 가맹국은 아니다.

아프리카에 있는 서사하라의 경우 하나의 독립국가로서 인정받지 못한 나라에 해당한다. 서사하라의 정식 명칭은 '사하라 아랍 민주 공화국'으로 1976년 독립을 선언하였으나 북쪽의 모로코와 영토 분쟁 중이기 때문에 독립국으로 인정받지 못하고 있다. 모로코가 그 지역에 대한 소유권을 주장하고 있기 때문이다.

현재에도 지구상의 여러 지역에서 독립을 위한 분쟁이 일어나고 있다.

그렇기 때문에 지구상에 존재하는 국가의 수는 계속 변화할 수밖에 없으며 정확한 국가 수를 제시하는 일 또한 불가능하다고 할 수 있다.

황색, 백색, 적색, 흑색! 왜 바다에 색깔이 있을까?

'황해(黃海)'. 한반도의 서쪽에 접한 바다를 일컫는 말로 서해(西海)라고 부르기도 한다. 그러나 중국에서 부르는 황해라는 명칭이 국제 표준으로 사용되고 있으며 우리도 사회과부도나 각종 지도에 황해라고 표기한다.

황해는 왜 황색일까? 물론 물 자체가 노란색은 아니다. 중국 황허 강의 토사가 유입되어 바다 색깔이 대체로 황색으로 보이기 때문에 황해라는 이름이 붙었다. 황해뿐만 아니라 세계에는 백해, 홍해, 흑해 등 이름에 색깔이 들어 있는 바다가 또 있다. 왜 그런 이름을 갖게 된 것일까?

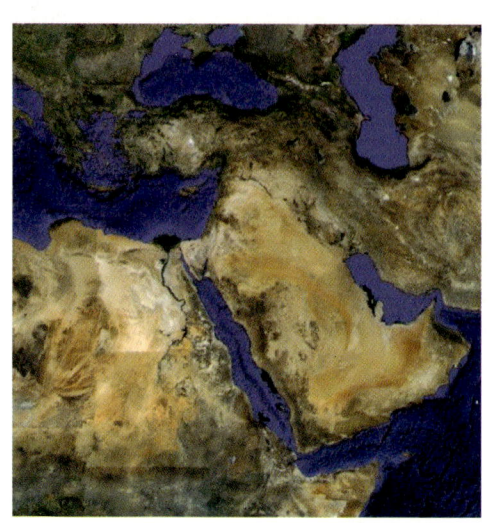

아프리카 대륙과 아라비아 반도 사이에 위치해 있는 홍해

'백해(白海, White Sea)'는 북극해의 일부로 백해-발트해 운하를 통해 발트해와 연결된다. 백해의 주변은 겨울이 되면 온통 은백색으로 바뀐다. 그래서 백해라는 이름을 갖게 되었다고 한다.

'홍해(紅海, Red Sea)'는 아프리카 대륙과 아라비아 반도 사이의 좁은 틈에 위치하고 있다. '홍해'라는 이름의 유래에 대해서는 두 가지 학설이 있다. 하나는 홍해에 트리코데스미움(Trichodesmium)이라는 해초가 많이 있는데 이로 인해 수면이 붉게 보여서 홍해라는 이름이 붙여졌다는 설이다.

다른 하나는 홍해라는 말이 고대 이집트어로 사막을 나타내는 '데쉬레(적색)'에서 파생된 '데쉬레트(Deshret)'에서 유래되었다는 설이다. 데쉬레트에는 '붉은 사막'이라는 뜻이 있다. 그리고 그 사막 너머에 있는 바다가 바로 '붉은 사막에 둘러싸인 바다', 즉 홍해이다.

유럽 남동부와 아시아 사이에 위치해 있는 흑해

'흑해(黑海, Black Sea)'는 터키와 루마니아, 불가리아, 우크라이나, 그루지야, 러시아 등의 남동부 유럽에 둘러싸여 있다. 영어권에서는 '블랙 시', 러시아에서는 '체르노예해', 루마니아에서는 '네아그라해', 터키에서는 '카라해'라고 부른다. 이름은 모두 다르지만 그 의미는 모두 같은 '검은 바다'란 뜻이다.

러시아 서북부의 바렌츠해로 열려 있는 백해

흑해는 보스포루스 해협을 통해 외해(外海, 육지로 둘러싸이지 아니한 바다)와 연결되어 있는데 다른 쪽은 육지로 막혀 있어 전반적으로 산소가 부족하다. 산소가 부족하다 보니 물속 깊은 곳에는 죽은 박테리아들이 쌓여 황화수소를 발생시키게 된다. 이 황화수소가 검은색을 띠고 있기 때문에 바닷물이 검게 보이게 되어 흑해라는 명칭을 갖게 되었다.

chapter 02

오래된 지도 속의 미스터리

The Story of the World Map and Geography

세계 최초의 지도는 누가 그렸을까?

아주 오랜 옛날 인간이 동굴 생활을 하던 시절, 인간은 동굴 벽에 어느 산에서 어떤 나무 열매를 주울 수 있는지, 또 어떤 지역에 가면 어떤 동물이 살고 있는지를 그려 놓았다. 원시시대의 인간에게 이러한 그림은 생명을 유지하기 위한 아주 중요한 행위였다. 그리고 이것이 바로 인류가 지구의 표면을 그린 그림, 최초의 지도가 된다. 그렇기 때문에 엄밀한 의미에서 보면 어느 지역의 어떤 그림이 가장 최초의 지도라고 잘라서 말할 수 없다.

이러한 바위지도는 세계 도처에서 발견되고 있는데 그 중 이탈리아 북부 브레시아 지방의 발카모니카에서 발견된 바위지도가 유명하다. 이 지도는 기원전 1500년경에 그려진 것으로 추정되며 사람들이 살았던 촌락, 길, 경작지 등이 직선과 곡선을 이용하여 표시되어 있다.

그런데 이보다 더 이전에 만들어진 것으로 추정되는 지도가 있다. 바빌로니아 시대의 점토판 지도가 그 주인공. 1931년경 이라크 키르쿠크 근처에서 발굴 작업을 하던 고고학자들은 특이한 점토판 하나를 발굴했다. 점토판에는 두 개의 산과 수로, 마을이 그려져 있고 쐐기문자로 '아잘라

바빌로니아의 점토판 지도
기원전 600년경에 만들어진 것으로 추정되는 바빌로니아의 점토판 지도에는 육지와 바다를 상징하는 두 개의 큰 원, 바빌론(남북으로 길게 그려진 직사각형), 이를 가로지르는 강, 작은 도시들(작은 원)을 담고 있다고 한다.

(Azala)'라고 쓰여 있었다. 아잘라는 그 토지의 주인 이름으로 추측되며 이 지도는 토지의 소유권을 명확히 하기 위해 만들어진 것으로 여겨진다. 점토판이 발굴된 장소는 바빌론 북부에서 320km 떨어진 키르쿠크와 하란 근처로 고고학자들은 이 점토판의 연대를 기원전 2300년경으로 추정했다. 현존하는 지도 중에서 가장 오래된 지도인 셈이다.

그리고 기원전 600년경에 이르러 바빌로니아 세계지도가 발견된다. 역시 점토판에 그려진 것으로 지구는 고리 모양의 물길에 둘러싸인 조그만 원반처럼 묘사되어 있다. 지도의 중앙에는 수도 바빌론이 그려져 있고 시가지를 관통해 흐르는 유프라테스강이 그려져 있다. 이 지도는 지금까지 알려진 지도 가운데 지구를 나타내고자 한 최초의 지도, 즉 최초의 세계지도이다.

발카모니카 바위지도
이탈리아의 발카모니카에서 발견된 원시시대의 암각화로 부족의 지형을 나타낸 지도였을 것으로 추정한다.

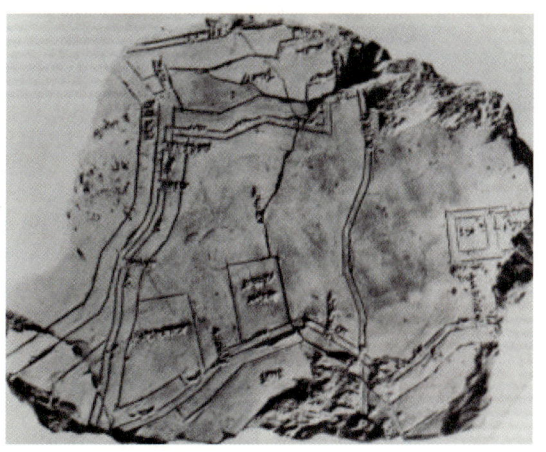

가장 오래된 지도, 바빌로니아 시대 점토판 지도
이라크의 키르쿠크 시 근방에서 발견된 점토판 지도로 기원전 2300년경에 만들어진 것으로 추정한다.

최초의 여행 안내도는 로마에서 탄생했다?

● 　　세상에서 가장 긴 지도 중의 하나로 꼽히는 포이팅거 지도. 로마에서 제작된 지도로 로마에서 뻗어 나간 모든 주요 도로와 경계표를 알려 주는 여행자용 지도이다. 이 지도는 1세기경 만들어진 아그리파 지도에서 출발, 많은 세월이 흐르는 동안 복제되고 갱신되었다. 서쪽의 브리튼과 스페인으로부터 유럽과 중동을 가로질러 멀리 인도에 이르기까지 로마 제국의 주요 도로들을 담고 있다.

3세기경 콜마르의 한 승려가 12장의 양피지에 이 지도를 복제했다고 전해지며, 1494년 한 베네딕트 수도원에서 신성 로마 제국의 막시밀리안 1세의 사서였던 독일 시인 피켈(Conrad Pickel)에 의해 사본이 발견되었다고 한다. 피켈은 죽을 때 이 지도를 친구인 포이팅거(Conrad Poitinger)에게 남겼고 그마저도 세상을 떠나자, 이 지도는 그의 도서관에 소장되었다. 그 후 오스트리아의 빈 공립도서관으로 흘러들어가 현재까지 보관되고 있으며 2007년 유네스코의 세계문화유산으로 등재되었다.

길이가 무려 6.8m이지만 폭은 34cm에 불과해 가로로 길쭉한 모양이 특색이다. 대륙과 대양이 평면적으로 묘사되어 있으며 방향이 남북이 아닌 동서로만 표시되어 근대 지도와는 상당한 차이가 있다. 그러나 이 지도는 매우 실용적인 기록이라는 평가를 받고 있는데 그 이유는 여행자가 도로를 따라 여행하면서 하루 동안에 갈 수 있는 거리가 표시되어 있으며 여행 도중 머물 수 있는 호텔과 온천장 등이 표시되어 있기 때문이다. 그래서 이 지도의 주된 이용자들은 로마 제국의 공무원과 짐꾼, 여행객으로 추정된다.

포이팅거 지도의 중심에는 로마가 위치해 있는데, 로마는 왕관을 쓴 인물로 표시되어 있다. 모든 길은 로마로 통한다는 말을 한 번 더 실감나게 하는 최초의 여행자용 지도인 셈이다.

얼음 나라의 아홉 세계를 그린 지도?

나무 한 그루가 그려져 있는 그림을 지도라고 할 수 있을까? 그 나무가 '이그드라실'이라면 가능하다. 북유럽 신화에 등장하는 거대한 물푸레나무, 이그드라실(Yggdrasil)은 그 자체가 하나의 지도이다. 신과 인간의 세계, 요정의 세계, 거인의 세계, 난쟁이, 죽은 자의 세계 등 고대 북유럽인들이 믿은 세계의 모습이 이그드라실 속에 담겨 있다.

시인이며 저술가인 크로슬리홀랜드(Kevin Crosssley-Holland)는 자신의 저서 〈북유럽 신화(The Norse Myth)〉에서 이그드라실의 모습을 아주 명료한 지도로서 그려 낸다. 그가 그리는 이그드라실은 세계수(世界樹)의 모습을 보여 주고 있다. 세계수란 세계 각국의 신화에서 자주 발견할 수 있는 우주와 인간을 잇는 나무로서, 인도의 우파니샤드 신화에 등장하는 나

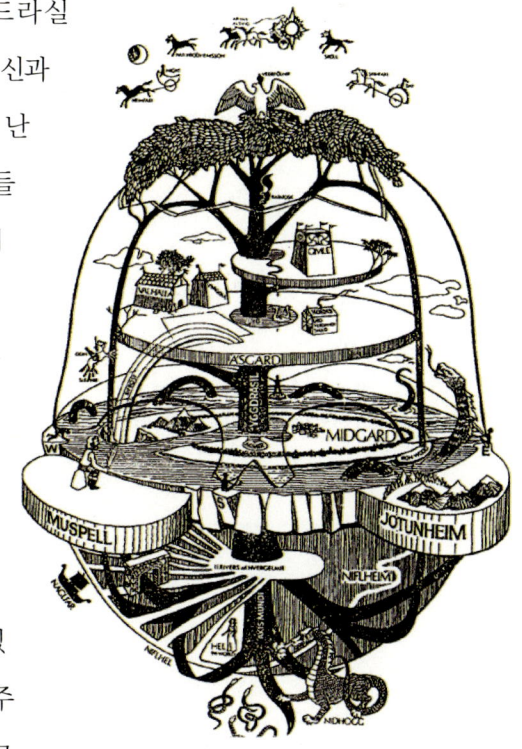

이그드라실
고대 북유럽인의 우주관을 보여 주는 나무로 그들이 존재한다고 믿은 아홉 세계가 이 나무 속에 전부 담겨 있다.

영국

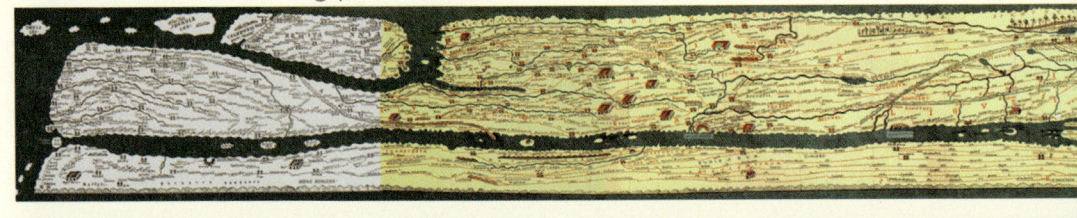

아프리카   아시아

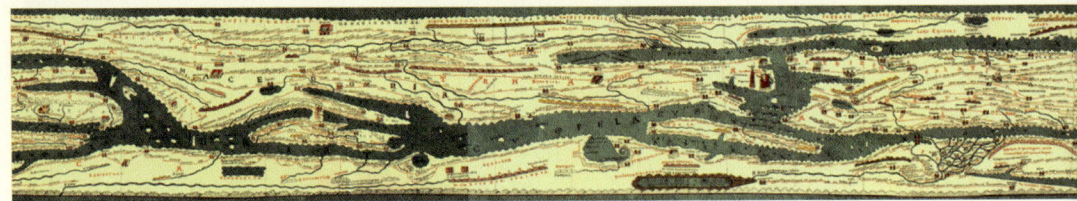

길이는 6.8m에 이르지만 폭은 34cm에 불과한 포이팅거 지도

로마에서 만든 지도로 브리튼과 스페인으로부터 유럽과 중동을 가로질러 인도에 이르기까지 로마 제국의 주요 도로들을 담고 있다. 포이팅거 지도에는 스페인에서 중국 그리고 영국에서 북부 아프리카까지 이르는 지역의 4천여 마을과 산과 강을 잇는 도로 체계가 상세히 담겨 있다. 붉은 선이 주 도로이며 건물 그림은 쉴 수 있는 호텔이나 온천장을 나타낸다.

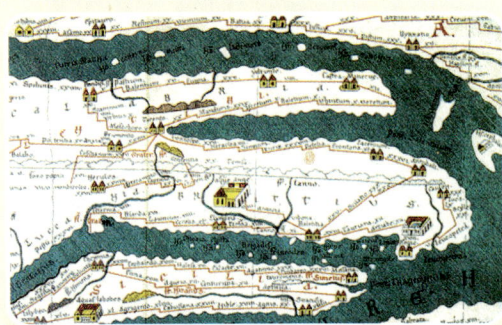

지도상의 붉은 선은 주요 도로를, 갈고리 모양의 기호는 휴게소를 나타낸다.

포이팅거 지도의 이름은 양피지 두루마리로 된 고대 지도를 소장했던 독일인 콘라프 포이팅거에서 유래하였다.

독일　　　　　　　　　　　이탈리아

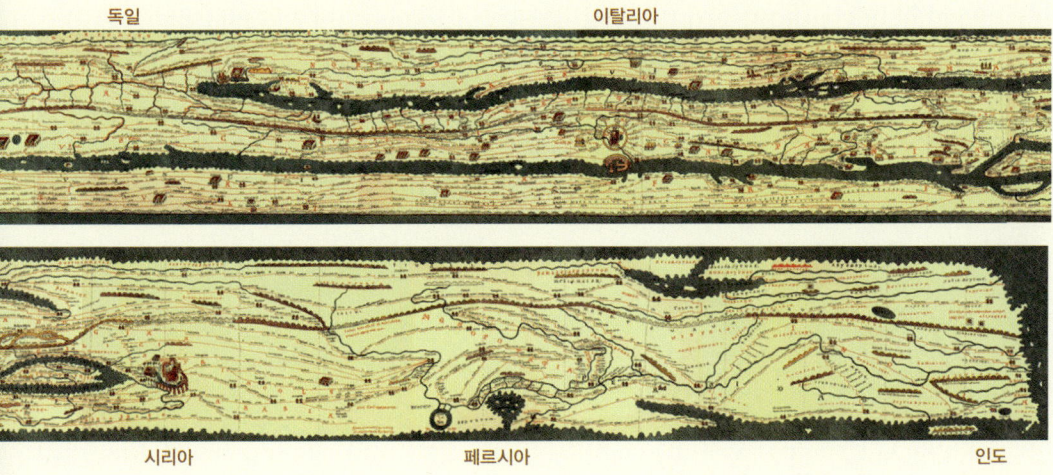

시리아　　　　　페르시아　　　　　　　　　　　인도

대륙과 대양이 평면적으로 표시되었다. 또한 지중해를 강의 지류처럼 그리고 방향을 동서로 표시했다.

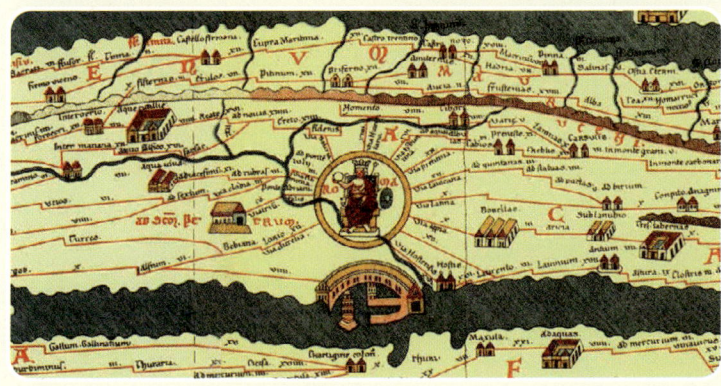

포이팅거 지도의 중심에 위치한 로마 왕관을 쓴 인물이 로마를 나타낸다.

Chapter 02 _ 오래된 지도 속의 미스터리 • 41

무, 그리고 우리 단군신화에 등장하는 신단수도 같은 개념으로 이해할 수 있다.

크로슬리홀랜드는 북유럽 사람들의 우주를 삼중심(三中心) 구조로 이해했다. 이그드라실은 이를 반영해 세 층으로 이루어져 있으며 각 층마다 존재하는 우물 혹은 샘 속에 뿌리를 내리고 있다. 첫 번째 층은 세 개의 분리된 세계인 아스가르트(Asgard), 바나하임(Vanaheim), 알프하임(Alfheim)으로 신과 요정의 세계이다. 미트가르트(Midgard)라고 불리는 중간 층에는 네 개의 세계가 있다. 인간의 세계, 거인의 세계, 난쟁이들의 세계와 검은 꼬마 요정의 세계이다. 마지막 가장 낮은 층은 두 개의 마지막 세계, 즉 헬(Hel)과 니플하임(Niflheim)이다. 이 둘은 '죽은 자들의 세계'이다. 우주는 이렇게 전부 아홉 개의 세계로 이루어져 있으며 북유럽 신들의 왕인 오딘은 이 아홉 세계를 모두 통과하여 각 세계의 주인이 된다.

고대 북유럽인들은 이 세 가지 층을 추상적인 지도로만 이해한 것이 아니라 실제 지리학적·지형학적으로 이해했다. 두 번째 층인 인간의 세계, 미트가르트가 드넓은 바다로 둘러싸여 있다고 설명되고 있다는 점, 니플하임이 미트가르트에서 아홉 날을 달려야 갈 수 있는 곳이라고 묘사한 점에서 알 수 있다.

'일곱 개의 바다'는 어디를 말하는 것일까?

우리는 세계의 바다에 대해 이야기할 때 오대양(五大洋), 즉 다섯 개의 커다란 바다라는 표현을 많이 사용한다. 오대양은 태평양, 대서양,

인도양, 남극해, 북극해로 나눈다. 그러나 서구의 영화나 문학에 보면 '일곱 개의 바다' 라는 말이 많이 등장한다. 대개는 특정한 지역을 지칭하는 것이 아니고 세계의 바다를 통칭해서 사용되며 '일곱 개의 바다를 여행했다' 라고 하면 세계를 여행했다는 관용적 표현으로 해석된다.

'7개의 바다' 라는 표현을 공식적으로 사용한 사람은 19세기 영국의 소설가이자 시인인 **루드야드 키플링**이다. 〈정글북〉으로 유명한 키플링은 〈7대양(The Seven Seas)〉이라는 시집을 냈는데, 이는 당시 대영 제국을 찬양하는 애국시로 그는 세계의 바다를 남태평양, 북태평양, 남대서양, 북대서양 그리고 인도양과 북극해, 남극해 이렇게 일곱 개로 분류했다.

> **키플링(Joseph Rudyard Kipling, 1865~1936)**
> 영국의 소설가이자 시인인 키플링은 1865년 인도 봄베이(지금의 뭄바이)에서 출생. 1907년에는 노벨문학상을 수상하였다.
> 키플링은 시와 소설을 꾸준히 발표하였고 동화로 널리 읽힌 〈정글북〉을 쓰기도 하였다. 1896년에 내놓은 시집 〈7대양(The Seven Seas)〉이 당시의 대영제국주의에 호응하였기 때문에 애국시인으로 떠받들어졌지만 만년에는 별로 높은 평가를 받지 못했다.

'7개의 바다' 는 시대에 따라 변해 왔다. 굵은 글씨는 19세기에 키플링이 분류한 것. 그 외의 나머지는 2세기에 프톨레마이오스가 분류한 7개의 바다이다(인도양 포함).

키플링에 앞서 일곱 개의 바다라는 표현을 사용한 사람은 이집트 알렉산드리아의 천문지리학자인 프톨레마이오스이다. 그는 자신의 저서 〈지리학〉에서 '7개의 바다'라는 표현을 사용했다. 그는 일곱 개의 바다를 지중해, 아드리아해, 흑해, 카스피해, 홍해, 페르시아만, 인도양으로 보았는데 프톨레마이오스의 분류에는 이집트를 중심으로 한 당시 사람들의 세계관이 잘 표현되어 있다.

16세기 투르크의 수리학자 P. 레이스는 일곱 개의 바다로 남중국해, 벵골만, 아라비아해, 페르시아만, 홍해, 지중해, 대서양을 꼽았는데 이는 이스탄불 함락(1453년) 전의 이슬람 세계에 알려진 바다의 전부였다.

대항해 시대가 되고 아메리카 대륙이 발견되자 '일곱 개의 바다'의 종류도 달라졌다. 1569년에 그려진 지도에는 지중해, 북해(북대서양), 에티오피아해(남대서양), 남해(동태평양), 태평양(남태평양), 인도양, 타타르해(북극해)가 그려져 있다. 현재의 분류와 거의 비슷해진 것이다.

그렇다면 왜 사람들은 굳이 세계의 바다를 일곱 개로 나누려고 한 것일까? 이는 고대 인도 신화에 바탕을 둔 세계관에서 비롯되었다. 고대 인도의 신화는 세계에는 일곱 개의 대륙이 있고 이를 일곱 개의 바다가 둘러싸고 있다고 믿었다. 이에 고대인들은 자신들의 세계를 일곱 개의 바다가 둘러싸고 있다고 믿은 것이다.

또한 고대 메소포타미아에서는 '7'이라는 숫자는 전 세계를 의미하는 단어로 사용되었다. 이런 사상들로부터 사람들의 머릿속에는 '세계에는 일곱 개의 바다가 있다'는 관념이 굳게 자리 잡게 된 것이다. 그리고 이 '일곱 개의 바다'가 어디인지는 시대에 따라 계속 변했다.

아서 왕이 잠든 아발론은 어디?

아서 왕 이야기는 영국의 전설이지만 영화나 만화로 많이 만들어져 우리에게도 매우 친숙하게 다가오는 이야기이다. 바위 속에 박힌 신비한 검, 엑스칼리버. 그리고 이 칼을 뽑는 사람이 왕이 된다는 전설은 사람들의 흥미를 자아내기에 충분한 소재이다. 여기에 마법사 멀린과 왕비와 기사 간의 사랑 등이 추가되어 아서 왕 전설은 더욱 흥미진진한 이야기로 전개된다.

이 전설에서 엑스칼리버를 뽑아 왕이 된 아서 왕은 원탁의 기사를 만들어 외적의 침입에서 나라를 구하고 영웅으로 추앙받는다. 그러나 그가 마지막에 어떻게 되었는지에 대해서는 잘 알려져 있지 않다. 그는 마지막에 어떻게 되었을까?

전설에 따르면 아서 왕은 기사단을 이끌고 캄란 전투(Battle of Camlann)를

아발론은 영생의 장소
에드워드 번 존스(Edward Burne-Jones)의 작품으로 깊은 잠에 빠진 아발론의 아서 왕을 그렸다. 아서 왕은 영국의 전설적인 왕으로 아발론으로 떠나 영생을 얻었다고 한다. 전설에 의하면 아서 왕은 영국이 위기에 처하는 날 깊은 잠에서 깨어나 다시 영국을 구할 것이라고 한다.

치르면서 치명적인 부상을 입게 된다. 토머스 맬러리(Thomas Malory)가 쓴 〈아서 왕의 죽음〉에 따르면 부상을 입은 아서 왕은 아홉 명의 여인이 타고 있는 배로 옮겨지고 아발론(Avalon)으로 향한다. 그는 아발론에서 치유된 후 다시 왕이 되어 살고 있다는 이야기도 있고, 지금은 깊은 잠에 빠져 있지만 영국인들이 위기에 처한 날 다시 나타나 그들을 구해 줄 것이라는 이야기가 전해지기도 한다.

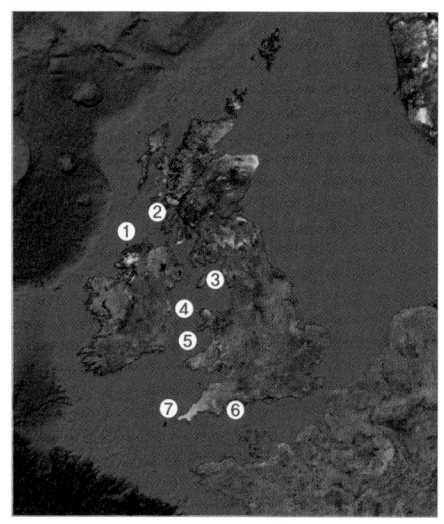

아발론의 위치로 추정되는 영국의 섬들
❶은 토리 섬, ❷는 이오나 섬, ❸은 맨 섬, ❹는 앵글시 섬, ❺는 바르드시 섬, ❻은 글래스턴베리 타운, ❼은 실리 섬. 아서 왕의 무덤이 있는 글래스턴베리(Glastonbury)가 가장 유력한 곳으로 여겨진다.

그렇다면 아서 왕이 향한 아발론은 어디일까? 영국의 몇몇 섬들이 그 후보로 거론되기는 하나 명확하게 어디인지는 알 수 없다. 아발론은 영국이 아니라 영국보다 더 남쪽에 위치한다는 설도 있다.

12세기 초에 저술된 제프리(Geoffrey)의 〈멀린의 생애〉에 따르면 남서쪽으로 내려가 지브롤터 해협을 통과해 아프리카 해안과 멀지 않은 곳에 아발론 섬이 있다고 서술되어 있다. 이렇게 찾아보면 아발론 섬은 그랜드카나리아(Grand Canarya) 섬 부근이 된다.

아발론은 고대 영어로 사과를 뜻하는 아발(Abal)에서 유래한 말로 추정되며 켈트어로 사과의 섬이라는 뜻을 지니고 있다. 아발론 섬은 과일과 곡물들이 풍부하고 언제나 여름처럼 따뜻하며 살기 좋은 축복받은 섬이다. 그래서 그곳에 사는 사람들은 모두가 질병 없이 100살이 넘도록 평화롭게 산다고 묘사된다. 아발론은 넓은 의미에서 중세 유럽인들이 그린 낙원의 모습을 그대로 보여 주고 있다.

TO 지도는 동쪽이 위에 있다?

TO 지도는 중세 유럽에서 사용되던 지도로, 지도의 모양이 T와 O를 결합해 놓은 것과 비슷하기 때문에 그러한 이름으로 불리게 되었다. 중세 유럽인들은 세상이 둥글고, 그 주위에 바다가 있고 둥근 땅에 T형으로 바다가 있으며, 중앙에는 영원의 도시인 예루살렘이 있다고 믿었다. 이는 매우 간단하지만 그들의 세계관을 표현한 것이다.

당시는 아직 신대륙의 발견 등 본격적인 세계 탐험이 시작되기 전의 상태로 그들에게 지도란 실제 기능을 가진 물건이라기보다는 자신들의 정신세계를 표현하는 매체였다. TO 지도는 세계를 세 개의 대륙 즉 아시아, 아프리카 그리고 유럽으로 나누고 있는데, 위쪽에 아시아가 있고 왼쪽 아래에는 유럽이 오른쪽 아래에는 아프리카가 있다. 중세시대 사람들은 동쪽에 낙원이 있다고 믿었기 때문에 동쪽을 위로 잡았다. 방위라는 말인 오리엔테이션(orientation)이 동쪽을 가리키는 라틴어 Oriens에서 비롯된 것임을 볼 때 그 당시에는 지금처럼 북쪽이 아닌 동쪽을 방위의 기본으로 삼았음을 알 수 있다.

TO 지도는 우리나라 조선 중기에 만들어진 천하도와 그 생김새가 닮아 있다. 이는 둘 다 실제 세계의 모

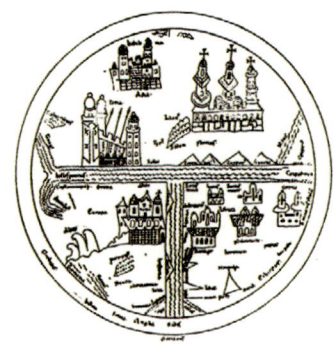

초기의 TO 지도
중세 서유럽에서 사용하던 지도로, T자가 O자 안에 들어 있는 모양으로 그려져 있어 TO 지도라고 불린다. 둥근 땅에 T형으로 바다가 있으며, 중앙에는 영원의 도시 예루살렘이 있다. TO 지도에서는 동쪽이 위에 위치해 있기 때문에 위쪽이 아시아, 왼쪽 아래가 유럽, 오른쪽 아래는 아프리카가 된다.

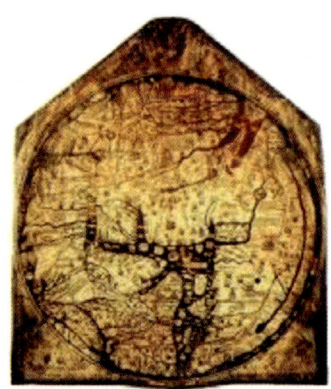

헤어포드 마파 문디(Hereford Mappa Mundi)
영국 서부에 위치한 헤어포드 대성당에 전해지는 세계지도. Mappa Mundi는 세계지도를 뜻하는 라틴어이며, 이 지도는 13세기경에 제작되었을 것으로 추정한다. 예루살렘을 중심으로 유럽 지역만 표시한 이 지도는 높이 1.58m, 폭 1.33m에 달한다. 천국을 의미하는 별과 불의 원으로 둘러싸인 원 안에는 갠지스강, 인더스강과 티그리스강, 바빌론과 유프라테스강, 페르시아만, 홍해, 이집트와 나일강, 에게해, 아드리아해, 잉글랜드, 아일랜드 등이 나타나 있다.

습과는 다르며, 지도 안에 그 지도를 만든 사람들의 관념을 담고 있기 때문인 것으로 보인다. TO 지도가 기독교적 세계관을 담고 있는 지도라면 천하도는 중국이 세계의 중심이라는 중화사상을 담고 있다. TO 지도 중 가장 상세한 지리 정보를 담은 것으로 1300년경 잉글랜드에서 제작된 헤어포드 마파 문디(Hereford Mappa Mundi)가 있으며 이 지도는 기록 유산으로서의 가치를 인정받아 2007년 유네스코 세계 기록 유산으로 등재되었다.

아메리카를 처음 발견한 사람은 중국인?

퇴역한 영국 해군 장교 개빈 멘지스(Gavin Menzies)는 미국 미네소타 대학교의 도서관에서 베네치아의 지도 제작자인 주아네 피치가노(Zuane Pizzigano)의 서명과 1424년이란 연도가 적혀 있는 옛 지도 한 장을 발견했다. 그 지도의 서대서양 부분에는 네 개의 섬으로 이뤄진 제도가 그려져 있었는데 연구 결과 '안틸리아(Antilia)'라고 이름 붙여진 섬이 푸에르토리코와 과들루프(Guadeloupe) 섬이라는 결론을 내렸다. 그러자 멘지스는 의문이 생겼다. 콜럼버스가 미국을 발견한 것은 1492년, 그렇다면 콜럼버스가 카리브해에 도착하기 70여 년 전에 누군가 이 섬들을 탐사해 지도에 남겼다는 이야기가 되기 때문이다.

멘지스는 콜럼버스 이전에 누군가 아메리카를 탐사했으리라 추측하고 이를 연구하기 시작했다. 14년에 걸쳐 100여 나라를 찾아다니며 각종 문헌을 조사한 결과 멘지스는 아메리카를 최초로 탐사한 주인공은 중국 명나라의 정화(鄭和)라는 결론을 도출했다.

1405년 명나라의 황제인 영락제는 정화에게 남해 원정을 명령했다. 길이가 150m, 너비가 60m에 달하는 배가 60여 척이나 되었고 선원은 2만 7천 명이 넘었다. 콜럼버스가 신항로 개척에 나섰을 때 그가 탄 산타마리아호의 길이가 23~27m, 무게는 200~250t 정도였다고 하니 규모 면에서 비교가 되지 않는다고 할 수 있겠다. 항해 시간 또한 길었다. 1405년부터 1433년까지 무려 일곱 차례에 걸쳐 항해가 계속되었다. 멘지스는 15세기 당시 엄청난 거리의 원정을 감당할 수 있는 물적 기반과 과학기술을 갖춘 나라는 중국뿐이었다고 이야기한다.

정화의 남해 대원정

원정길에 오른 정화의 함대

　1405년 7월 11일 중국 명나라 때 탐험가인 정화(鄭和, 1371~1433)는 317척의 함대와 2만 7천 명의 병사를 이끌고 첫 번째 원정을 떠났다. 당시의 왕인 영락제는 대원정을 통해 인도양의 무역로를 개척해 교역을 재개하고 남쪽 먼 바다까지 명의 명성을 과시하고 싶어 했다. 원정대는 오늘날의 동남아, 인도, 중동, 동아프리카를 넘나들며 모두 37개국을 방문해 외교관계를 맺고 교역을 했다. 정화의 남해 대원정은 1430년 선덕제 5년에 이뤄진 마지막 출항까지 모두 7차례나 이어졌다.

　1424년에 영락제가 사망하자 뒤를 이은 홍희제는 "원정은 아무 소용 없는 일에 국력을 낭비할 따름이니 마땅히 중단해야 한다."는 유학자들의 의견을 받아들였다. 그리고 할아버지인 태조 주원장의 정책을 본받아 외국과의 접촉을 통제하고, 특히 배가 중국의 항구를 드나드는 일을 엄격히 금지하는 해금(海禁) 정책을 취했다. 원정의 기록은 폐기되고, 정화도 궁궐의 개축 작업을 돕는 등 비교적 한가한 일을 하며 세월을 보내야 했다.

　그 후 홍희제의 뒤를 이은 선덕제는 기본적으로 홍희제의 노선을 따르면서도 애써 이룩한 해군력이 사라지는 것을 아깝게 여겼다. 그래서 6년 만에 원정을 지시했고, 육순을 넘긴 정화도 다시 바다로 나갔다. 그러나 1433년, 정화는 호르무즈 근방에서 병을 얻어 세상을 떠났고 남해 원정대의 항해는 이로써 막을 내렸다.

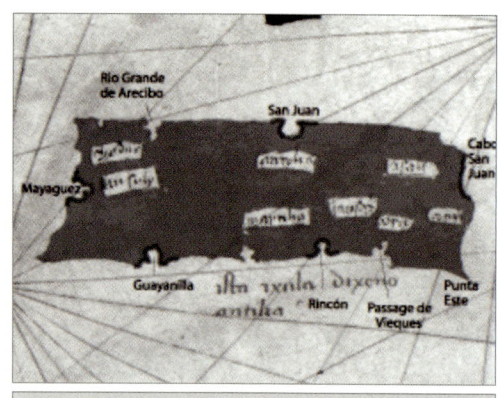

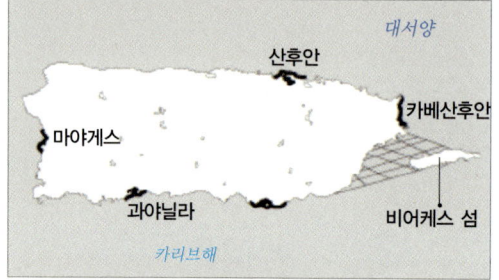

피치가노 지도(위, 1424) 속의 안틸리아와 푸에르토리코 지도(아래)
두 개의 지도를 비교하면 상당히 유사하다는 것을 알 수 있다. 그래서 안틸리아가 푸에르토리코를 말하는 것임을 추측할 수 있다.

이러한 멘지스의 연구는 2002년 발표 당시 역사학계의 거센 비판을 받았다. 추론의 대부분이 불충분한 연구 조사를 기초로 하고 있다는 근거에서였다. 반대로 중국 정부는 멘지스의 연구를 환영하며 2005년 정화의 최초 항해 600주년 기념식을 치르고 대규모 축하 행사를 벌였다.

유감스럽게도 정화의 원정은 명나라 안에 정치적 변화가 생기면서 중단되었다. 그리고 그들의 항해 기록은 백성들을 현혹시키는 과장된 기록이라고 매도되어 모두 파기되었다. 만약 멘지스의 주장이 맞다면 콜럼버스와 바스코 다 가마 등의 유럽 항해가들은 모두 지도를 갖고 출항하였으며, 그들은 신대륙을 '발견'한 것이 아니라 지도상에 이미 존재하던 육지를 찾아간 셈이 된다.

빈란드, 위조 지도의 등장?

빈란드(Vinland) 지도는 역사상 가장 논란을 많이 일으킨 지도로 손꼽힌다. 만약 이 지도에 쓰여 있는 내용이 사실이라면 아메리카 대륙을 발견한 사람은 콜럼버스가 아니며 콜럼버스 이전에 다른 사람이 아메리카 대륙을 먼저 발견했다는 이야기가 된다.

지도를 살펴보면 유럽, 북아프리카, 그린란드, 북아메리카 북동부 해안의 일부가 그려져 있고 왼쪽 상단에 큰 섬이 그려져 있다. 이 섬의 해안선이 캐나다 래브라도와 뉴펀들랜드의 일부를 나타내고 있어 아메리카 대륙을 발견한 후 이 지도를 만든 것으로 해석된다. 이 섬 옆에 라틴어로 설명이 첨부되어 있는데 내용은 다음과 같다.

> 동료들인 *자니*(Bjarni)와 *에릭손*(Leif Erickson)이 새로운 땅을 발견했으니, 대단히 비옥하고 포도나무(Vine)까지 자라고 있어서 그들은 이 섬을 *빈란드*(Vinland)라고 명명했다.

이 지도의 연대는 1440년 무렵으로 추정되었는데 이 지도가 진짜라면 콜럼버스보다 50년 일찍 유럽의 바이킹이 최초로 아메리카 대륙에 발을 들여놓았다는 증거가 된다. 첨부된 설명 속에 등장하는 인물인 레이프 에릭손은 전설적인 바이킹 탐험가로 이 지도가 사실이라면 유럽의 바이킹에 의해 신대륙이 발견되었다는 것이다.

위조 지도라는 논란을 빚은 빈란드 지도
1965년 예일 대학교 출판부가 발표. 이 지도에는 바이킹 탐험가들이 빈란드를 발견하였다고 표기되어 있으며 유럽 대륙, 아이슬란드, 그린란드, 빈란드 등의 지도가 그려져 있다.

1965년 예일 대학교가 이 지도의 존재를 세상에 알렸을 때 커다란 반향이 일었다. 그리고 끊이지 않는 위조 논란에 휩싸였다. 빈란드 지도는 1440년에 만들어진 지도가 아니라 20세기 초 고지도 위조전문가가 1440년경의 양피지를 구해서 노란 물감으로 녹처럼 보이는 얼룩을 만들고 군데군데 구멍을 내어서 마치 지도가 오래되어 좀이 갉아 먹은 것처럼 보이게 만든 위조 지도라는 것.

1966년 스미스소니언 협회의 가짜 판정, 1972년 잉크의 화학적 분석, 1985년 유도방사선 방출시험에 의한 조사, 2002년 유니버시티 칼리지 런던의 분광장치에 의한 판정 등 위조다, 아니다라는 논쟁은 현재도 진행 중이다.

이 지도를 그린 것으로 의심받는 사람도 있다. 1930년대 독일 예수회 수사 요제프 피셔가 바로 그 주인공인데, 그는 지도전문가이기도 했다. 그는 왜 위조 지도를 만들려고 했을까? 이 지도에 포함된 설명 중에 가톨릭의 분위기가 강하게 풍기는 부분이 있는데, 당시 나치의 반예수회 선전에 맞서기 위해 가톨릭 교회가 북아메리카 발견에 기여했다는 것을 강조한 내용을 넣고 지도를 만들었다는 추측이 있다. 그러나 지금도 누가, 왜 그렸나에 대한 최종적인 결론은 나지 않았다.

500년 전 지도 속의 수수께끼 대륙은 남극?

터키의 관광 명소로 유명한 토프카프 궁전. 이 궁전은 동로마 제국을 멸망시킨 오스만투르크의 메흐메트 2세가 세운 것으로 메흐메트 2

세는 세계 각국에서 모은 진귀한 보물들을 이곳에 모아 놓았다. 그런데 그 보물 중에서 후세에 놀랄 만한 물건이 발견되었다. 그것은 산양 가죽에 그려진 두 장의 세계지도로 그 지도에는 터키어와 라틴어로 '그리스의 알렉산더 대왕 시대의 20장의 지도를 참고해 터키 해군 제독 피리 이븐 하지 메메드가 1513년 그린 것'이라고 쓰여 있다.

이 지도가 사람들의 주목을 끈 이유는 남아메리카 대륙 아래쪽으로 상당히 정확한 해안선 하나가 그려져 있기 때문이었다. 이후 이 해안선은 큰 논쟁을 불러일으켰다. 왜냐하면 그 해안선이 지도가 제작된 16세기에는 발견되지 않았던 대륙인 남극 대륙을 나타내고 있었기 때문이다. 인류는 남극 대륙을 19세기에 이르러 발견하는데 그 지도에는 이미 남극의 모습이 그려져 있었다. 그렇다면 어떻게 이런 일이 가능했을까?

이 수수께끼를 둘러싸고 많은 가설이 제시되었다. 그 중에서 가장 유력

터키의 해군 제독 피리 이븐 하지 메메드가 1513년 그린 지도
피리 레이스 지도(Piri Reis Map)라고도 불리는 이 지도는 남아메리카 대륙 아래쪽으로 상당히 정확한 해안선 하나가 그려져 있는데 이 땅이 남극 대륙이라는 주장이 제기되면서 관심을 모았다.

한 것은 그 지도를 만든 피리 이븐 하지 메메드가 남극 대륙이 얼음에 덮이기 전인 1만 2500년 전의 지도를 보고 그 해안선을 그렸다는 설이다. 찰스 햅굿(Charles Hapgood)이라고 하는 미국의 학자는 이 지도를 바탕으로 세계 각국의 고지도를 과학적으로 분석했다. 그리고 피리 이븐 하지 메메드가 만든 지도는 그리스 시대 이전인 메소포타미아와 이집트 문명을 낳은 초고대문명 사람들이 만든 지도를 베낀 것이라는 결론을 내렸다.

또 한편에서는 16세기 무렵에는 남극 대륙이 얼음에 덮이지 않고 지금보다 더 북쪽에 위치해 있었다는 학설도 주장되었다. 하지만 아직까지 이 지도의 수수께끼를 완벽하게 풀어낸 학설은 나오지 않고 있다. 그러나 피리 이븐 하지 메메드의 지도에 남극 대륙이 정확하게 그려져 있는 것만큼은 확실한 사실이다.

달의 지도, 누가 최초로 그렸나?

지금까지 망원경으로 달을 관측한 최초의 인물이 갈릴레이인 것으로 알려져 왔다. 그러나 갈릴레이가 그린 것으로 알려진 '세계 최초의 달 지도'보다 몇 개월 더 앞서는 달 지도가 공개되었다.

영국 국가기록원과 옥스퍼드 대학교의 학자들은 2009년 영국의 천문학자 토머스 해리엇(Thomas Harriot)이 1609년 7월 26일에 달을 관측한 기록이 세계 최초로 달을 관측한 기록이라고 주장했다. 갈릴레이가 달을 관측해 그림을 그린 기록이 같은 해 11, 12월이니 해리엇이 반년 정도 앞섰다는 주장이다. 실제로 공개된 해리엇의 달 그림에는 바다(달 표면의 어두운 부분)와 분

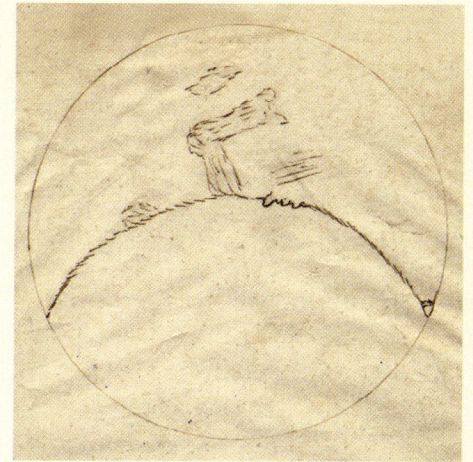 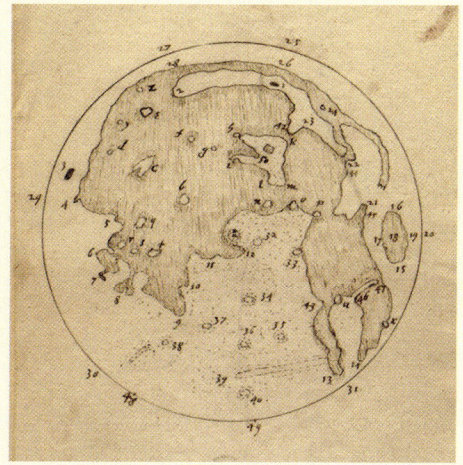

토머스 해리엇이 그린 달 지도
영국의 천문학자 토머스 해리엇이 1609년 7월 기록한 것으로 알려진 이 지도는 갈릴레이가 관측한 달의 지도보다 몇 개월 앞선다.

 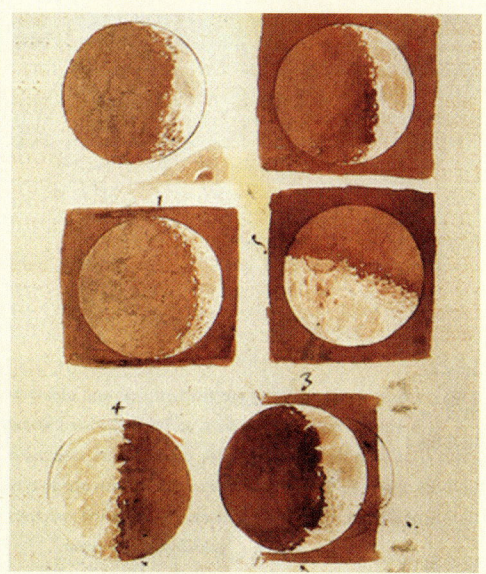

갈릴레오 갈릴레이(Galileo Galilei)
이탈리아 출생의 갈릴레이는 물리학자, 과학자, 천문학자, 철학자이면서 망원경을 개량, 제작할 수 있는 인물이었다. 갈릴레이는 자신의 망원경으로 달, 금성, 목성, 토성 등을 관찰하여 천문학 발전에 큰 성과를 올렸다.

갈릴레오 갈릴레이가 그린 달 스케치
갈릴레이는 20배율의 망원경으로 달이 차고 기우는 모습을 모두 관측해 그린데다 달에 있는 산 높이도 계산해 책으로 공식 발표까지 했다. 갈릴레이의 달 스케치는 2009년 달 착륙 40년을 기념하여 만들어진 '전 인류를 위한 달' 이라는 제목의 콜라주 사진에 사용되기도 하였다.

화구도 표현돼 있다.

이에 대해 갈릴레이를 지지하는 천문학자들은 해리엇의 그림은 6배율 정도의 성능이 낮은 망원경으로 관측해 그린 거라 맨눈으로 본 것과 비슷한 수준이라고 반박한다. 갈릴레이는 20배율의 망원경으로 달이 차고 기우는 모습을 모두 관측해 그린데다 달에 있는 산 높이도 계산해 책으로 공식 발표까지 했다는 것. 그러나 영국 학계에서는 해리엇이 갈릴레이와 거의 같은 때에 망원경을 이용한 천체 관측을 시작해 목성(木星)의 위성을 관찰하는 등 훌륭한 업적을 남겼다는 것을 높이 평가해야 한다고 주장한다.

물개 가죽으로 만든 지도?

시베리아 원주민 중에서도 가장 전투적이고 용맹한 종족으로 여겨지는 추크치(Chukchi)족. 북극해 연안에 살며 바다표범이나 바다코끼리, 물개 등을 사냥하며 살아가는 추크치족은 어디에다 지도를 그렸을까?

현재 영국 옥스퍼드의 피트 리버스 박물관(Pitt-Rivers Museum)에 전시되어 있는 추크치족의 지도는 물개 가죽 위에 그려진 것이다. 이 지도는 1860년대 혹은 1870년대 추크치족이 미국의 포경 선원에게 판 것으로 이 지도를 통해 추크치족이 살던 곳의 지형뿐만 아니라 그들의 생활상까지 한눈에 파악할 수 있다. 고래, 사슴, 곰 등의 동물을 사냥하는 모습이 그려져 있

추크치족이 만든 물개 가죽 지도

고 강이 흐르는 모습도 묘사되어 있으며 해안에 떠 있는 배들도 보인다. 햇볕에 말려 표백한 물개 가죽 위에 그려진 이 지도는 부족의 생활상이 생생하게 그려져 있어 지도가 아닌 다른 용도로 사용된 것은 아닐까 하는 의문을 갖게 한다.

추크치족의 모습
시베리아 북동부에 위치한 추크치 반도에 사는 유목 민족으로 해안에 주로 거주하면서 수렵 생활을 하였다.

추크치족은 물개 가죽 말고 나무판 위에도 지도를 남겼다. 러시아의 상트페테르부르크의 박물관에 소장되어 있는 추크치의 지도판은 19세기에 만들어진 것으로 추정되는데 아홉 개의 판으로 구성되어 있어 총길이가 4.25m에 이른다. 강의 흐름을 상세하게 기록하고 있고 강 주변의 생태, 사냥꾼의 통나무 집, 카누의 좌석 덮개, 노, 옷가지, 나무판, 장신구 등 일상생활에 쓰이는 여러 가지 품목이 다양하게 그려져 있다. 추크치족은 그들 자신이 필요해 지도를 만들기도 했지만 외국인 탐험가나 러시아 관료 등에게 팔기 위해 지도를 제작하였다.

chapter 03

우리나라 지도에 얽힌 미스터리

The Story of the World Map and Geography

고지도 속의 독도는?

18세기 조선에서 만들어진 〈강원도도(江原道圖)〉가 발견되어 관심을 끌고 있다. 일본 고베(神戶) 시립박물관에 보관 중인 〈강원도도〉는 목판으로 인쇄된 것으로 17세기 말 무렵 조선에서 만들어진 것으로 추측되고 있다. 이 지도가 특히 관심을 끄는 중요한 이유가 있다. 이 지도에 독도가 표기되어 있기 때문이다. 한국과 일본 간의 영유권 분쟁이 일고 있는 독도가 한국의 영토로서 그려져 있기 때문에 향후 한국의 독도 영유권을 뒷받침하는 입증 자료가 될 것으로 보인다.

이 지도에 대해 보도한 일본의 산케이 신문 인터넷 판에 따르면 지도에 기재된 지명으로 미뤄 볼 때 이 지도가 1684~1767년 사이에 조선에서 유통된 것으로 보이며 당시의 한반도 고지도가 실제로 확인된 것은 처음이라고 덧붙였다.

지도에는 울릉도의 남쪽에 '자산(子山 독도의 옛 이름)'이라는 섬이 그려져 있다. 일본의 대표적인 보수 언론으로 유명한 산케이 신문은 이 지도에 대해 다루면서 독도가 실제로는 울릉도의 동남쪽 92km 지점에 있다는 점을 고려할 때 남쪽에 그려진 이 섬은 독도가 아니라고 단정했다. 또한 안용복이

〈강원도도〉 속에 나타난 독도의 모습
일본 산케이 신문 2010년 8월 24일 인터넷 판은 '강원도도(江原道圖)'라는 18세기 조선의 목판 인쇄 고지도가 고베 시립박물관에서 발견되었다고 보도했다. 오른쪽의 붉은 원 안에 자산도(독도의 옛 이름)가 강원도 부속 영토로 표기되어 있다.

1696년 일본에 건너가 '자산은 조선의 영토'라는 인정을 받아 간 사실을 언급하며 "이 지도(강원도도)의 자산은 실제의 다케시마(竹島, 독도의 일본 측 지명)와 방향이나 거리가 다른 곳에 그려져 있어, 별도의 섬일 가능성이 크다."고 밝혔다. 안용복이 일본에서 조선 땅이라고 인정받은 '자산'은 독도와는 다른 섬이라고 주장한 것이다.

그러나 전문가의 의견에 따르면 산케이 신문의 해석과는 정반대로 이 지도는 조선이 독도를 강원도에 속한 자기 영토로 인식하고 있었다는 또 다른 근거로 풀이된다. 당시 조선에는 경도나 위도에 대한 개념이 없었기 때문에 방향이나 거리가 부정확했다. 그래서 독도가 울릉도 옆에 그려져 있느냐, 아래쪽에 그려져 있느냐는 중요한 문제가 아니며 독도를 지도 안에 그려 넣었다는 사실 자체가 18세기의 조선이 독도를 자국 영토로 보고 있다는 것을 반증하는 자료가 된다고 본다.

천하도, 상상 속의 기묘한 세계지도?

18, 19세기경 조선에서 만들어진 세계지도는 어떤 모습일까? 우리가 흔히 알고 있는 세계지도와는 확연한 차이가 있다. 지도에는 둥그런 원형의 세계가 그려져 있고 그 중심에는 중국이 있다. 그리고 그 옆에 조선, 일본 등을 비롯해 수많은 나라의 이름들이 조그맣게 나열되어 있다.

이 지도의 이름은 천하도(天下圖)로 원형으로 세계를 그리고 있다는 점에서는 서양식 세계지도의 형식을 따르고 있다. 서양에서 넘어온 지리 지식에 배타적이었던 조선의 학자들이 서양의 원형 세계지도에 대응하여 만든 한국적인 원형 세계지도인 셈이다. 당시 천하도를 만든 사람들은 지도의 내용을 구성하는 데 있어 발음도 안 되고 뜻도 통하지 않는 나라 이름들 대신에 중국 고서인 〈회남자(淮南子)〉나 〈산해경(山海經)〉에 나오는 지명들을 지도에 배치하였다. 즉 지도의 형태는 서양의 것을 따르고 지도의 내용은 동양의 고전과 조선의 사상에 기반하여 지도를 만든 것이다.

조선에서 만든 지도이지만 천하도의 중심에는 중국이 자리 잡고 있으며 조선은 중국만큼 부각되어 있지 않다. 이뿐만 아니라 천하도의 목판본을 검토해 보면 중국은 원으로 크게 강조하여 표현하였고 조선은 아무런 표시 없이 글자로만 표기하였으며 나머지 주변에 배치된 나라들은 직사각형 안에 표기한 것을 볼 수 있다. 이러한 차이는 중국, 조선, 기타 국가 사이에 위계 질서가 있음을 보여 준다. 중국은 중화(中華), 조선은 소중화(小中華), 기타 나라는 이국(夷國, 오랑캐)이라는 전형적인 화이관(華夷觀)이 반영되어 있는 것이다.

천하도를 누가 어떻게 만들었는지는 현재 밝혀지지 않았다. 그러나 이

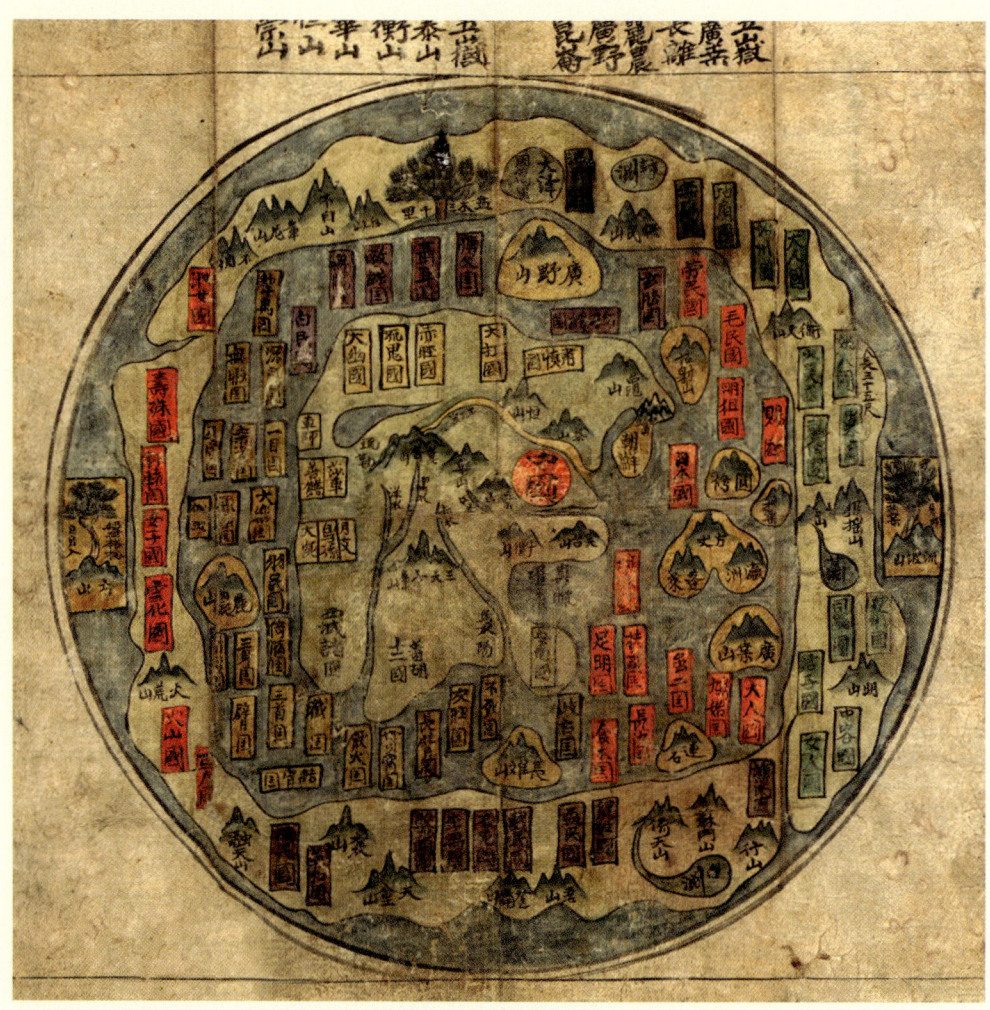

대한민국의 옛 세계지도 천하도(天下圖)
조선 중기 이후 유행한 지도로 중화사상과 중국 고서에 등장한 상상 속의 세계를 바탕으로 만들어진 원형 세계지도이다. 중국이 대륙 한가운데에 놓여 있고, 우리나라는 지도 오른편 위쪽에 배치되어 있다.

천하도는 조선에서 가장 많이 제작된 세계지도로 조선 후기의 유학자라면 당시 유행했던 지도책의 첫머리에 실려 있던 천하도를 으레 세계지도로 알았다. 아이러니한 것은 무엇보다 조선시대의 지배 사상인 유교의 중화주의에 입각해 지도를 만들었음에도 이 지도에 수록된 지리의 명칭은 유교가 배척했던 중국의 고서에서 가져왔다는 점이다.

서양 세계지도의 형식을 따르면서 중화주의에 입각해 세계를 그렸지만 지역의 명칭은 중국의 고서에서 따온 천하도. 천하도가 보여 주는 기묘한 조합은 당시 조선 사회의 전통적 세계 인식이 균열되고 있다는 징후로 이해되기도 한다.

김정호가 직접 걸어 다니며 만들었다는 것은 거짓말?

"온 나라를 세 번 답사하고 백두산을 여덟 번 올라갔다 왔다."
이 이야기는 우리나라의 위대한 문화유산으로 손꼽히는 〈대동여지도(大東輿地圖)〉를 만들기 위해 김정호가 어떤 노력을 기울였는가 이야기할 때 흔히 나오는 설명이다. 그런데 이러한 무용담이 한낱 허구였다는 지적이 제기되고 있다.

온 국토를 걸어 다니며 지도를 만들었다는 이야기는 사실 일제 강점기에 조선총독부가 만들어 교과서로 사용된 〈조선어독본(朝鮮語讀本)〉에서 비롯되었다. 이에 따르면 김정호는 온갖 고초를 이기고 혼자 힘으로 〈대동여지도〉를 완성한다. 그런데 문제는 이야기가 여기에서 끝나지 않는다는 것이다.

〈조선어독본〉에 따르면 당시 나라를 다스리던 흥선대원군은 이 위대한 지도 제작자를 탄압하고 옥에 가두어 죽인다. 그리고 김정호가 만든 지도를 모두 소각한다. 그러나 이는 사실에 근거한 이야기가 아니다. 일제는 조선 조정의 무능을 극대화하여 조선 학생들에게 각인시키기 위해 김정호에 관한 이야기를 사실과 다르게 기술하였다. 즉 조선을 다스리던 지도자들이 얼마나 어리석고 한심한지를 은연중에 보여 주고 김정호와 같이 업적을 이룬 사람을 일본이 발굴했다는 식의 의도를 깔고 있는 것이다.

이런 이유 때문에 최근까지도 김정호에 대한 이야기가 사실과 다르게 전해져 왔고 대부분의 사람들이 이를 상식으로 받아들였다. 그러나 김정호가 온 국토를 걸어 다니며 지도를 만들었다는 것도, 김정호가 대원군의 탄압으로 감옥에서 쓸쓸히 죽음을 맞았다는 것도 확인된 바 없다.

오히려 김정호는 대원군 시절에 병조판서, 공조판서를 지냈던 신헌(申櫶, 1810~1884)과 실학자인 최한기(崔漢綺, 1803~1877)의 도움을 받아 지도를 제작했다. 특히 신헌은 당시 비변사에 소장되었던 국가 기밀 지도를 김정호에게 보여 주며 지도를 제작할 수 있도록 도왔다. 만약 김정호가 조정의 탄압을 받았다면 신헌의 도움을 받는 것은 불가능했을 것이다. 최한기, 신헌 등은 김정호가 만든 지도에 서문을 쓰기도 했다.

> 친구 김정호는 어려서부터 지도와 지리지에 깊은 관심을 가지고 오랜 세월 지도와 지리지를 수집했고 여러 지도의 도법을 서로 비교해서 청구도를 만들었다.
> — 최한기, 〈청구도〉 서문

나는 우리나라 지도 제작에 뜻이 있어 비변사나 규장각에 소장되어 있는 지도나 고가(古家)에 좀먹다 남은 지도들을 널리 수집하고 이를 비교하고 또 지리서를 참고하면서 지도들을 합쳐 하나의 지도로 만들고자 했으며 이 일을 김정호에게 위촉하여 완성하였다. - 신헌, 〈대동방여도〉 서문

김정호가 탄압을 받으며 지도를 만들었다면 당대에 높은 벼슬을 지낸 사람이 서문을 쓸 리도 없으며 김정호가 만든 지도들을 다 태워 버렸다면 이렇듯 〈대동여지도〉를 비롯해 〈청구도(靑丘圖)〉, 〈동여도(東輿圖)〉 등 김정호가 만든 지도들이 남아 있을 수 없다. 그리고 김정호 이전에 우리나라에는 〈조선전도〉, 〈동국지도〉, 〈해동여지도〉, 〈여지도〉, 〈팔도도〉 등 정교하게 만들어진 고지도들이 다수 있었다. 김정호는 이러한 지도들을 참고하고 집대성하여 〈대동여지도〉를 탄생시킨 것이다. 오히려 직접 답사하는 것에만 의존하여 국토 전체를 그린다면 사람의 시야가 한정되어 있기 때문에 부정확할 수 있다. 그래서 김정호는 이전에 만들어진 지도를 토대로 확인해야 할 부분에 대해 실측하면서 아주 정확한 〈대동여지도〉를 탄생시켰다.

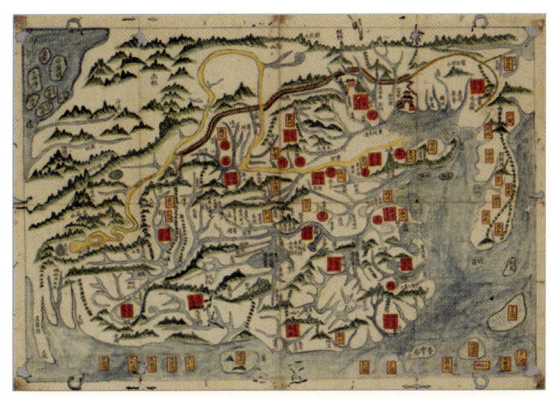

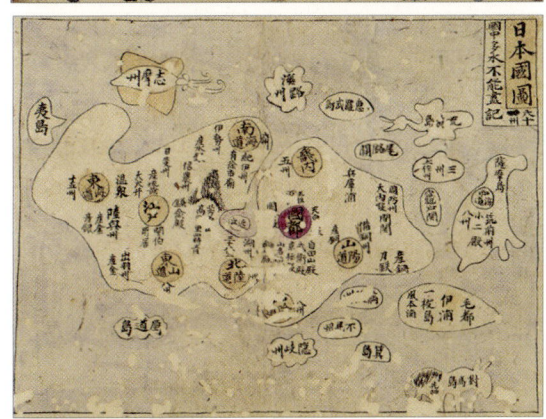

여지도(輿地圖) 위, 아래)
18세기 전반에 제작된 〈여지도〉는 최대 크기가 가로세로 33cm×43.7cm 정도인 종합 지도책이다. 대부분 중국의 지도로 구성된 〈여지도〉는 지도 뒷면에 각국의 인물이나 다양한 동물 그림이 그려져 있다. 〈여지도〉 속의 지도는 대부분 다른 나라의 지도책을 베낀 것으로 수준은 높지 않은 편이라고 한다.

일제는 역사적 사실을 왜곡시키면서 김정호 이전에 우리나라에서 만들어진 고지도가 많이 있었음에도 전혀 없었던 것처럼 기술하고 조선의 위정자들이 김정호를 탄압해 그가 옥사한 것처럼 꾸며서 일제 치하 교과서인 〈조선어독본〉에 수록했다. 하지만 당시 우리나라의 역사 저술 어떤 부분에도 그와 같이 김정호를 억압했다는 언급은 없는 것으로 알려져 있다.

대동여지도가 3층 높이나 된다고?

우리가 흔히 책이나 대중 매체를 통해 알고 있는 〈대동여지도〉의 모습은 〈대동여지도〉가 아니라 〈대동여지전도(大東輿地全圖)〉이다. 이는 〈대동여지도〉가 너무 커서 김정호가 크기를 줄여 다시 만든 것이 아닐까 추측된다. 〈대동여지도〉가 16만분의 1 축척이라면 이 〈대동여지전도〉는 92만분의 1 축척으로 〈대동여지도〉를 6분의 1로 줄여 놓은 크기이다.

그렇다면 〈대동여지도〉를 실제로 펼쳐 놓으면 어느 정도 크기일까? 〈대동여지도〉는 세로 약 7m, 가로 약 4m에 이르는 대형 지도로

대동여지전도
가로세로 64.8cm×114.3cm 크기로 1860년대 제작한 것으로 추정된다.

펼쳐 세우면 3층 높이가 된다. 그래서 김정호는 이를 전체 22첩으로 나누어 만들었다. 하나의 첩을 쭉 펼치면 우리나라의 모습이 동에서 서로 펼쳐지는데 이러한 첩 22개가 다 모이면 우리나라의 모습이 완성된다. 이러한 형태를 분첩절첩(分帖折帖)식 지도첩이라고 하는데 남북을 120리 간격으로 22층으로 구분하고, 동서를 80리 간격으로 19판으로 구분했다. 각 층을 순서대로 늘어뜨려 놓으면 전체 지도가 된다.

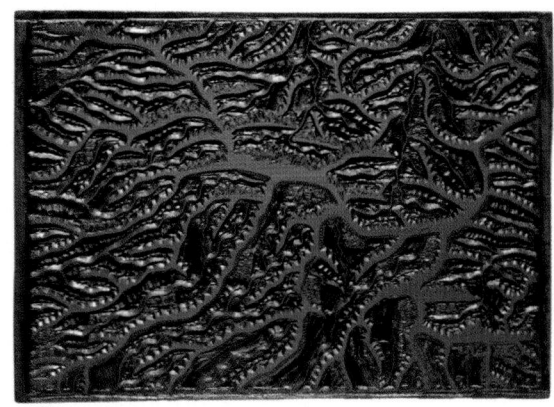

대동여지도 목판
김정호가 새긴 〈대동여지도〉 목판 11매로, 1861년 제작되었다. 각종 지명, 산줄기, 하천, 관방, 역원, 봉수 등을 다양한 기호로 표시한 〈대동여지도〉는 판각 기법이 매우 정교하다. 목판에는 제작 이후 수정했던 흔적이 남아 있다.(국립중앙박물관 소장)

〈대동여지도〉의 또 다른 특징은 목판본이라는 점이다. 지도를 그려서 만들어 놓으면 똑같이 따라 그리기 전에는 그와 똑같은 지도를 갖기 어려우니 여러 사람이 사용하기에 불편하다. 그러나 목판본으로 새겨 놓으면 얼마든지 똑같은 지도를 찍어 낼 수 있어 여러 사람이 두루 사용하기에 편리하다.

또 〈대동여지도〉는 10리마다 점을 찍어 거리를 나타냈다. 이렇게 해 놓았기 때문에 특정 지역에서 특정 지역까지 거리가 얼마나 되는지 쉽게 알 수 있다. 그리고 '지도표'를 만들어 글자를 가능한 한 줄이고 글자 대신 기호로 길과 역, 큰 고을, 군대 주둔지 등을 나타냈다. 이렇게 세심하고 정밀하게 만든 덕에 〈대동여지도〉는 전통적 기법으로 만든 우리나라 지도 가운데 가장 완성도 있는 지도로 그 가치를 인정받게 되었다.

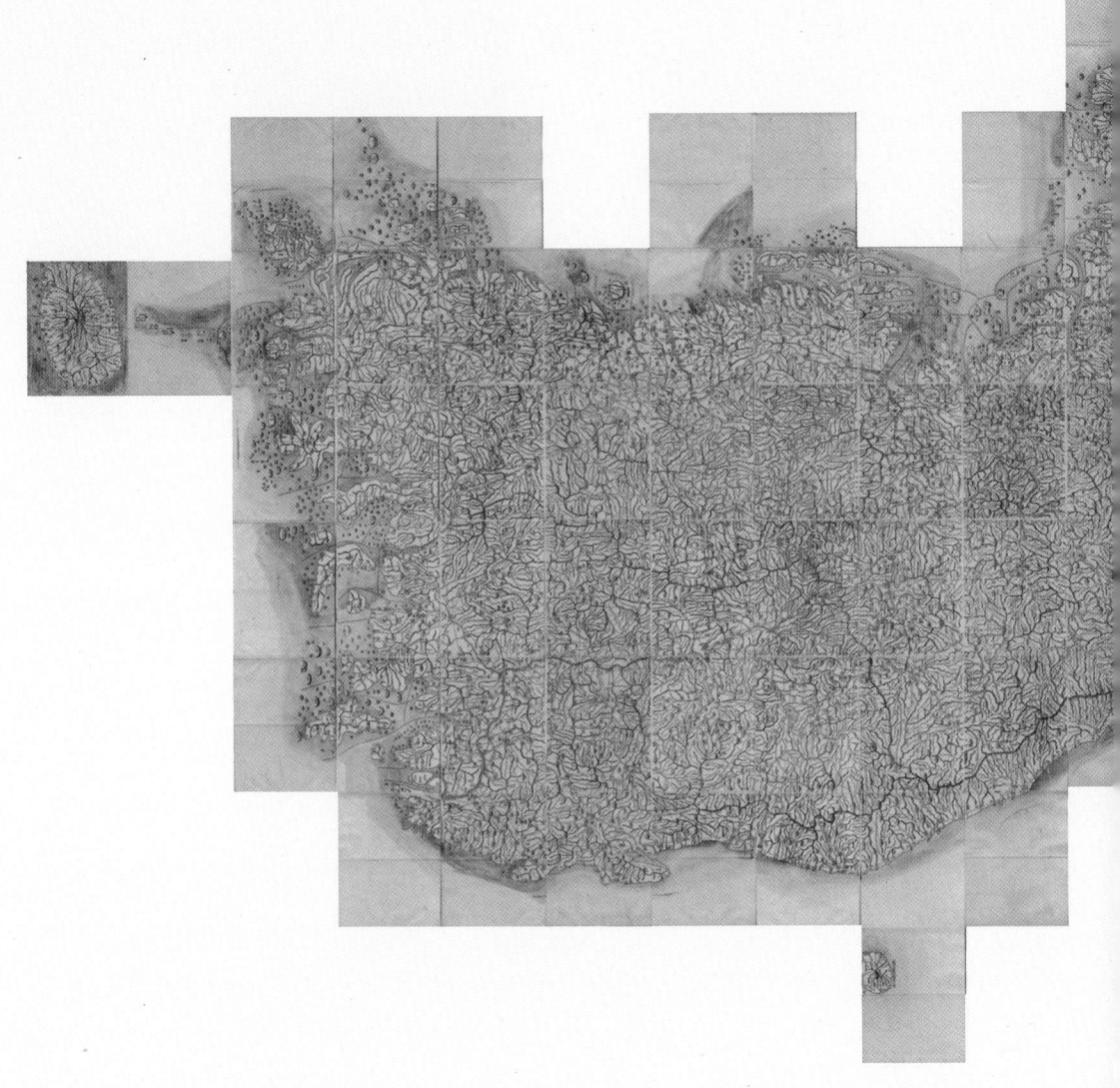

대동여지도
1861년 제작한 〈대동여지도〉는 분첩절첩식 형태로 된 지도첩이다. (성신여자대학교 박물관 소장)

미국 지도·영국 지도·일본 지도, 한목소리를 내다?

1951년 9월 8일 연합국과 패전국인 일본은 제2차 세계대전 전후 처리를 위해 샌프란시스코 평화조약을 체결한다. 이때 영국 정부가 만든 지도를 보면 일본 영토에 독도는 포함되지 않는다. 가로 82cm, 세로 69cm에 이르는 이 대형 지도에는 일본과 한국 사이에 선이 그어져 있는데 '다케시마'라고 표시된 독도는 한국 영토에 속해 있다. 이 지도는 현재 미국 국립문서기록관리청(NARA)에 보관 중이다.

최근에는 1949년 미 국무성이 작성한 지도도 공개되었다. 이 지도는 미국이 제2차 세계대전 뒤 일본과의 강화조약 초안을 준비하는 과정에서 독도를 우리 땅으로 표시한 지도로, 당시 맥아더 연합국 최고사령관과 국방부에 보내졌다. 이 지도와 함께 보내진 '대일강화조약 초안'의 영토 조항 6조는 "일본은 한국 본토 및 근해의 모든 섬들에 대한 권리를 포기하며, 여기에는 제주도, 거문도, 울릉도, 리앙쿠르암(독도) 및 동경 124도 15분 경도선의 동쪽까지, 북위 33도 위도선의 북쪽까지…… 포함된다."라고 하여 독도가 한국 영토임을 명백하게 밝히고 있다.

이뿐이 아니다. 일본의 대

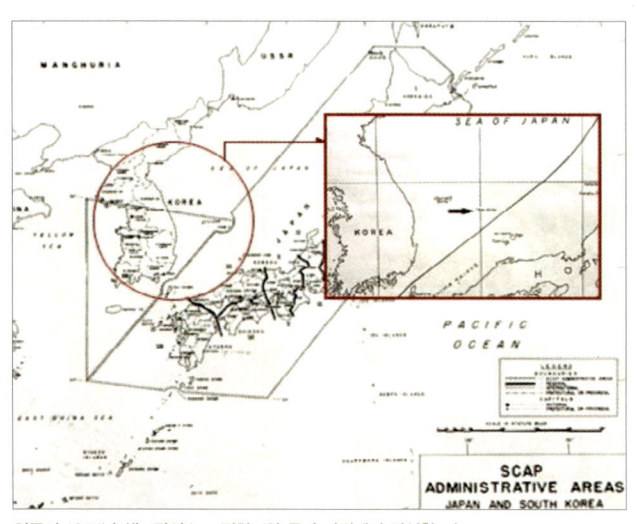

영국이 1951년 샌프란시스코 평화조약 준비 과정에서 작성한 지도
화살표로 표시된 부분이 다케시마로 표기된 독도로 한국 영토에 포함되어 있다.

표적인 지리학자인 하야시 시헤이(林子平)가 220년 전인 1785년에 제작한 〈조선 팔도 지도(朝鮮八道之圖)〉를 보면 일본 스스로 오래전부터 독도를 우리 땅으로 인정하고 있다는 사실을 알 수 있다. 이 지도는 한반도 전체를 노란색으로 채색하고 있는데 북위 39도에 울릉도와 독도(우산국)가 하나의 큰 섬으로 그려져 있으며 울릉도의 우측 바다 또한 '동해'로 표기하고 있다. 지금까지도 일본 정부의 여러 유력 인사들이 독도가 일본 영토라는 망언을 하고 있으나 220년 전 자신들의 선조는 독도가 한국 땅임을 인정한 셈이다.

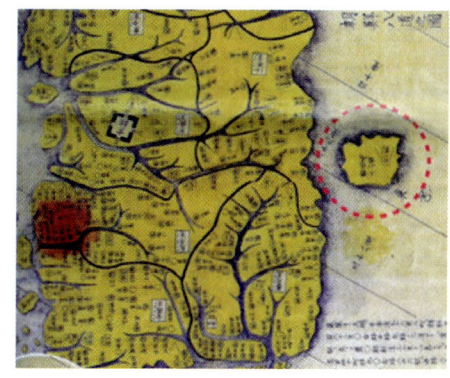

조선 팔도 지도
일본의 대표적인 지리학자인 하야시 시헤이(林子平)가 1785년에 제작한 〈조선 팔도 지도(朝鮮八道之圖)〉. 독도를 우리 땅으로 표시하고 있다.

울릉도로부터 87.4km 떨어져 있는 아름다운 섬, 독도는 역사적 · 지리적 · 국제법적으로 확립된 대한민국의 영유권하에 있다.
Photo by 2011WithJesusLove

chapter 04

현대
지도에
담긴
미스터리

The Story of the World Map and Geography

탈옥을 위해 지도를 만들다?

● 우리나라에서도 크게 인기를 끌었던 미국 드라마 〈프리즌 브레이크〉를 보면 주인공이 탈옥하기 위해 감옥의 지도를 온몸에 문신으로 새기는 이야기가 나온다. 그 주인공처럼 몸에 문신을 한 것은 아니지만 탈옥하기 위해 수용소 안에서 지도를 만든 사람들이 있다.

1944년 독일의 브라운슈바이크 수용소에 갇혀 있던 영국 전쟁 포로인 월리스 헤스(Wallis Heath)와 필립 에반스(Phillip Evans)는 독일 북부 지역의 도로, 강, 항만 등을 자세히 표시하는 지도를 만들었다. 이는 모두 자신들의 탈주로로 활용할 수 있는 정보였다. 지도가 워낙 정교했던 덕분에 그들은 무사히 영국으로 귀환할 수 있었다.

이들은 지도를 만들었을 뿐만 아니라 감옥 안에서 인쇄까지 했다. 모두 4종으로 된 이 지도는 500여 장의 복사본이 만들어졌다. 수용소 안에서 어떻게 인쇄할 수 있었을까? 우선 포로수용소의 막사에 있던 타일을 뜯어내 인쇄용 원판으로 활용했다. 그리고 아스팔트 포장 도로에서 긁어낸 타르를 잉크로 이용했다. 현재 전해지고 있는 지도를 살펴보면 그토록 어려운 상황에서 만들어졌다는 것이 믿기지 않을 정도로 정확하다.

우표 속의 지도 때문에 싸우다?

우표를 발행하는 일은 대개 국가가 관장하는 일이기 때문에 국가가 발행한 우표 속의 지도는 그 국가를 대표한다. 조그만 우표 속의 지도 때문에 오랜 기간 동안 피 흘리며 싸운 나라가 있다.

카리브해에서 두 번째로 큰 섬인 히스파니올라(Hispaniola) 섬을 공유하고 있는 두 나라, 도미니카와 아이티. 섬의 동쪽 3분의 2는 도미니카, 서쪽 3분의 1은 아이티 땅이다. 지리적으로는 가장 가깝지만 두 나라는 원수지간이나 다름없다. 같은 섬에 살지만 두 나라는 인종이 다르다. 아이티가 대부분 흑인이라면 도미니카의 국민은 흑인과 백인의 혼혈인 물라토다. 아이티의 흑인들이 1791년 독립혁명을 일으켰을 때 아이티 땅에 있던 백인들이 도미니카 지역으로 피신해 가서 흑인과 결혼해 낳은 후손들이다.

흑인 독립국가가 된 아이티는 1822년 도미니카를 침공, 22년 동안 식민통치한다. 이는 도미니카인에게 깊은 반감을 남겼고, 100여 년이 지난 1937년 도미니카의 독재자 라파엘 트루히요(Rafael Trujillo)는 아이티를 도미니카의 '위협'이자 '정반대 국가'로 규정하고 적대관계로 이끈다. 트루히요는 국경 지역의 아이티인 2만 5000명을 학살했고, 이후 정권들도 트루히요의 차별 정책을 이어받아 아이티인들을 학대했다. 아이티는 잦은 쿠데타와 독

아이티 공화국과 도미니카 공화국
카리브해에 있는 히스파니올라 섬의 두 나라. 쿠바, 도미니카 공화국에 이어 세 번째로 큰 섬나라인 아이티 공화국은 도미니카 공화국과 360km의 국경을 접하고 있다. 아이티 공화국은 나바사 섬을 두고 미국과 영유권 분쟁을 벌이고 있는 중이다.

재로 국민들의 삶은 고단하기 짝이 없는 가난한 국가이지만, 우표 기술만큼은 발달했다. 아이티가 우표를 처음 발행한 것은 1881년으로 주로 나라의 역사와 문화를 대외적으로 알리는 우표를 발행했다.

도미니카와의 우표 지도 분쟁이 시작된 것은 1900년 도미니카가 지도우표를 내면서 아이티 영토인 앵슈 지역을 자기네 땅에 포함시킨 데서 비롯됐다. 이 우표를 보고 격분한 아이티는 '결코 좌시할 수 없다'며 선전포고를 하고 도미니카 지역으로 쳐들어갔다. 아이티는 한걸음 더 나아가 1924년 도미니카에 대한 언급은 전혀 하지

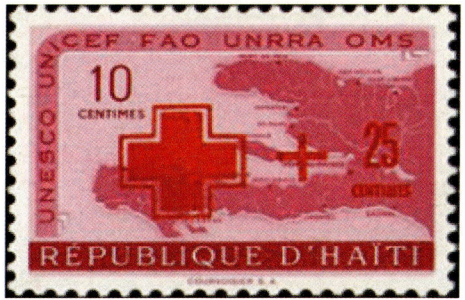

아이티와 도미니카 사이의 국경 분쟁을 부른 도미니카의 지도(위)와 아이티가 적십자 모금을 위해 만든 지도(아래).

않고 히스파니올라 섬 전체를 아이티 영토로 표시한 우표를 발행했다. 우표 분쟁은 29년 동안 지속됐고, 1929년 미국의 중재로 겨우 수습됐다. 그 후 도미니카가 앵슈 지역을 자국 영토에서 뺀, 즉 양국 간 360km에 이르는 국경을 제대로 그린 지도우표를 다시 발행하면서 분쟁이 종결되었다.

제멋대로지만 아주 훌륭한 지도?

● 1931년, 영국 런던에 이전의 지도와는 다른 새로운 지도가 등장했다. 지도란 원래 있는 그대로를 정확하게 표현하는 것이 중요한데, 이

지도는 지역의 위치와 지역 간의 거리를 무시한, 다소 제멋대로 만든 지도였다. 하지만 제멋대로였기 때문에 아주 훌륭하게 제 기능을 하였다. 바로 런던의 지하철을 한눈에 알아보기 쉽게 만든 지하철 노선도이다.

    이 지도를 처음 고안한 사람은 전기 회로 도면을 전문으로 그리던 해리 벡(Harry Beck)이다. 1913년 전까지 런던의 지하철 노선은 각기 다른 회사가 운영했다. 그러던 것이 1913년에 165개에 달하는 런던의 지하철과 버스 운송 회사들이 하나로 통합되었다. 이렇게 탄생한 런던 운송 회사는 회사의 단일 이미지가 필요하다는 생각을 하게 되었고 이미지 통합 작업을 시작했다. 이러한 과정을 통해 런던 지하철의 고유한 서체와 로고가 탄생하게 된 것이다. 런던 운송 회사는 이 서체와 로고를 바탕으로 해리 벡에게 런던 지

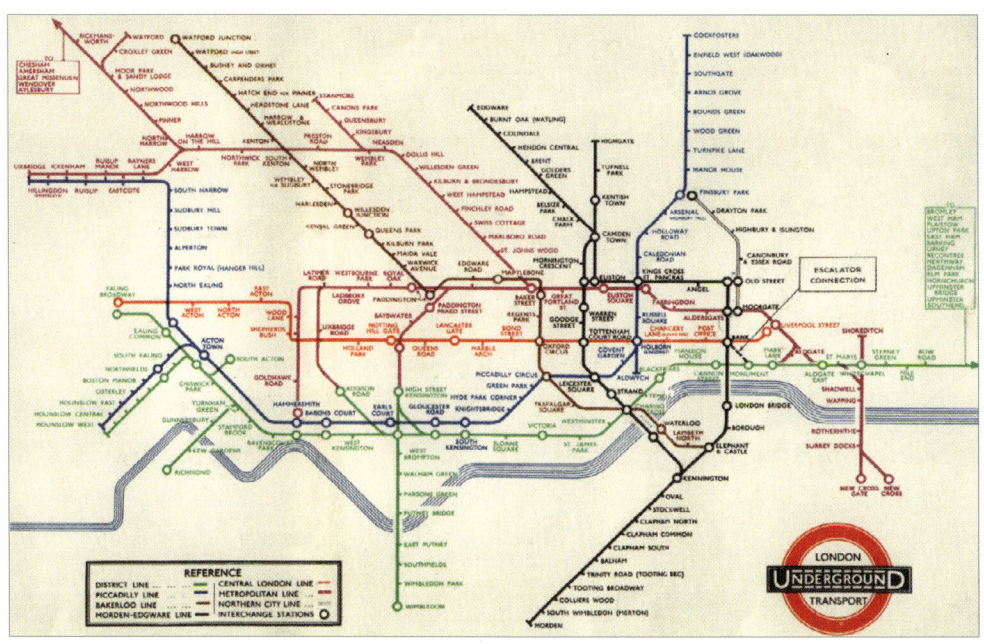

해리 벡의 런던 지하철 노선도(Tube Map)

하철 노선도를 의뢰하였다.

해리 벡은 단순하고 알아보기 쉬운 지하철 노선도를 탄생시킨다. 복잡하고 알아보기 힘들던 그 전의 지도들과는 달리 벡의 지도는 도시 자체의 지형에는 신경 쓰지 않고 간략한 도식으로 지하철 노선을 표시한 것이다. 이 지하철 노선도는 실제로는 먼 거리를 가깝게 표시해 놓기도 하고 넓은 지역을 좁게 나타내기도 하기 때문에 정확한 거리 측정에는 적합하지 않다. 하지만 이렇게 표현했기 때문에 한정된 지면에 모든 정보를 담을 수 있는 실용적인 지도로 탄생하게 되었다.

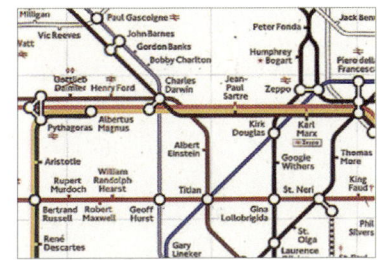

해리 벡의 런던 지하철 노선도에 영향을 받아 만든 사이몬 패터슨의 미술 작품 'The Great Bear'

Chapter 04 _ 현대 지도에 담긴 미스터리 • 77

해리 벡의 지하철 노선도는 디자인 분야에서 새로운 반향을 일으켰으며 이 디자인을 채택한 또 다른 작품을 탄생시켰다. 영국의 현대미술 작가인 사이몬 패터슨(Simon Patterson)은 'The Great Bear'라는 작품에서 이러한 지하철 노선도 디자인 위에 역의 이름을 철학자, 축구 선수, 정치가 등 역사적 인물의 이름으로 바꿔 붙인 작품을 탄생시켰다.

앤디 워홀이 그린 군사 지도?

미국 팝아트의 선구자, 앤디 워홀. 대중미술과 순수미술의 경계를 무너뜨리고 미술, 영화, 광고 등 예술 전 분야에 커다란 영향을 미쳤던 20세기의 대표적인 현대 예술가이다. 그런 그가 군사 지도를 만들었다니 정말일까? 답은 'Yes'이다. 단지 실용적 목적을 가진 지도가 아니라 예술 작품으로서의 지도라는 단서를 붙여야 한다.

1986년에 만들어진 이 지도는 우랄 산맥 동쪽의 소련과 중국 북부, 그리고 일본, 한국이 대충 선을 따라 그려 낸 듯 간략하게 나타나 있다. 소련 영토 곳곳에 핵미사일 기지의 위치들이 표시되어 있고 일부에는 SS4, SS11, SS17, SS20 등 소련이 배치한 미사일 이름이 표시되어 있다. 그리고 ICBM(대륙 간 탄도미사일), IRBM(중거리 탄도미사일), MRBM(준중거리 탄도미사일) 등 무기를 구분하는 그림 표시가 있다.

그러나 이 그림들은 각각의 차이를 느끼지 못할 정도로 비슷하여 아무런 역할도 하지 못하는 느낌을 준다. 언뜻 보기에는 여러 군사적 기호들을 사용하고 있지만 실제로 이 지도가 갖는 군사 정보의 가치는 무의미하다. 실제 군사 지도와는 전혀 상관없는 지도인 셈이다. 국가 기밀로 해야 할 핵미사일 배치 지역을 지도로 만들어 공개한다는 것 역시 난센스이다.

이런 의미에서 이 지도는 철저히 풍자의 도구로 제작되었다고 보는 것이 옳겠다. 앤디 워홀은 이 지도를 통해 무엇을 이야기하고자 했을까? 예술 작품이 의도하는 목적을 한마디로 정의하기는 어렵다. 그러나 이 지도가 전통적인 가치와 권위 있는 정보를 뒤엎는 앤디 워홀의 예술 세계와 맥을 같이하고 있다는 사실은 미루어 짐작할 수 있다.

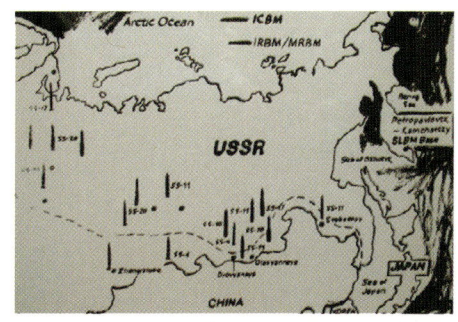

앤디 워홀이 만든 군사 지도 'Russia original painting(Soviet Union)'
동시대 문화와 사회에 대한 날카로운 통찰력을 가지고 자신의 작품 속에 형상화한 앤디 워홀. 그가 만든 군사 지도 또한 이러한 작품 세계의 소산이다.

NASA, 세계에서 가장 완벽한 지도를 만들다?

● 　　인간이 지도를 만들기 시작하면서 세상에는 무수한 지도가 탄생했다. 그러한 과정에서 인간은 더욱더 사실과 가깝고 정확한 지도를 만들기 위해 노력해 왔다. 그렇다면 지금까지 인간이 만든 지도 중 가장 정확한 것은 어떤 지도일까? 인간은 실제와 100% 똑같은 지도를 만들 수 있을까? 이런 물음에 가장 근접하게 대답할 수 있는 지도로 2009년 미국 항공우주국(NASA)이 공개한 '글로벌 디지털 표고자료(Global Digital Elevation Model)'를 꼽을 수 있다.

이 지도는 지구의 표고(標高, 바다의 면이나 어떤 지점을 정하여 수직으로 잰 일정한 지대의 높이)와 지면을 스캔한 이미지로 만든 것으로, 전 세계의 지표 상태를 한눈에 알아볼 수 있도록 돕는다. 세계 최초로 지구 지형의 데이터 99% 이상을 디지털화하였고 130만 장의 지구 사진뿐 아니라 30m 간격으로 촬영한 지구 표면의 데이터 또한 합쳐져 제작되었다. 이전까지 지구 표면의 데이터 80%를 포함한 디지털 지형 지도가 가장 정확한 지도였던 것을 감안하면 한 차원 더 발전한 지도임을 알 수 있다.

NASA는 일본 무역통상부와 함께 '아스터(ASTER: Advanced Spaceborne Thermal Emission and Reflection Radiometer, 열과 굴절을 이용해 방사선의 세기를 측정하는 계기)'를 활용해 이 지도를 제작했다. 이 프로젝트를 진행한 NASA의 우디 터너 박사에 의하면 이 지도는 지금까지 지구상에서 공개된 그 어떤 지도보다도 완벽할 뿐 아니라 실제 지구와 가장 흡사하다. 현재 NASA는 위성

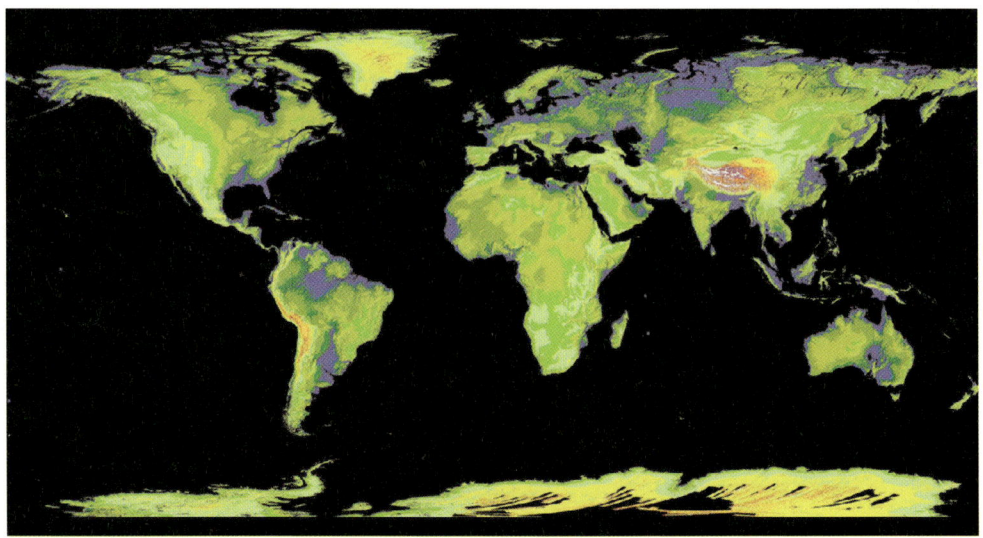

나사(NASA)가 공개한 세계에서 가장 완벽한 지도, 글로벌 디지털 표고 자료(GDEM)
세계 최초로 지구 지형의 데이터 99% 이상을 디지털화한 글로벌 디지털 표고 자료는 130만 장의 지구 사진뿐 아니라 30m 간격으로 촬영한 지구 표면의 데이터가 합쳐져 탄생했다.

15개가 보내는 지구 이미지를 끊임없이 분석하고 있으며, 더 정확한 디지털 지구 지형 지도를 만드는 데 필요한 데이터를 수집 중이다. 그러나 이 지도에도 단점은 있다. 가파른 경사가 진 지형이나 사막의 정보와 정확도가 부족하다는 점이다.

세계에서 가장 작은 세계지도?

세계에서 가장 작은 세계지도는 얼마나 작을까? 벨기에 겐트 대학교의 광학 그룹인 IMEC는 사람의 머리카락 두께의 반에도 못 미치는 크기의 세계지도를 만들었다. 이 지도의 크기는 40㎛인데 이는 둘레가 4만km인 지구를 40㎛로 축소한 것으로 1조분의 1 축척에 해당한다. 이 지도를 만든 IMEC는 나노포토 직접 회로 프로젝트를 위해 설계된 광학 실리콘 칩을 만들면서 칩의 한쪽 모서리에 이 지도를 넣었다. 이 지도가 가장 작은 세계지도임에는 틀림없지만 유감스러운 점은 육안으로 식별하기가 쉽지 않다는 점이다.

아무리 작은 지도라도 지도 본연의 기능에 충실해야 한다고 볼 때, 이렇게 작은 지도보다는 좀 더 큰 지도가 실용적이다. 홍콩의 한 지도 회사가 만든 열쇠 크기의 키 맵(Key Map)과 신용카드 크기의

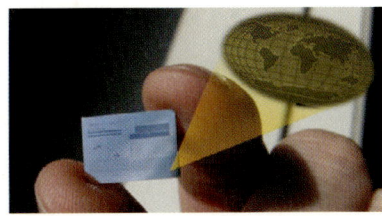
세계에서 가장 작은 세계지도는 고해상도 광학 리소그래피 기술로 만들어졌다. 지도는 광자 소자의 오른쪽 하단 구석에 숨겨져 있다.

광학 현미경을 통해 본 모습
색깔이 다른 것은 실리콘 층의 서로 다른 두께로 인한 간섭 효과 때문이다.

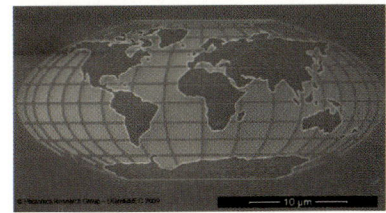
스캐닝 전자 현미경을 통해 본 세계지도

 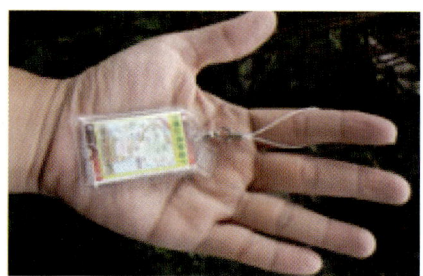

카드 맵을 펼친 모습　　　　　　　열쇠 크기만 한 키 맵

　카드 맵(Card Map)은 크기는 작지만 지도의 역할을 충실히 해내는 실용적인 지도이다. 이 지도들은 평소에는 아주 작게 접어 휴대할 수 있지만 펼치면 꽤 커다란 지도로 변신한다.

　키 맵은 2.7cm×5cm의 열쇠 크기 정도이지만 펼치면 15cm×23cm로 A4 정도의 크기가 된다. 카드 맵은 접은 상태에서는 4.5cm×8cm이지만 펼치면 23.5cm×35.5cm이다. 이 지도는 맨눈으로도 볼 수 있지만 극히 세밀하게 인쇄되어 있기 때문에 확대해서 봐야 할 경우에는 함께 들어 있는 확대경을 이용하면 된다. 무엇보다 가방에 매달아 다니거나 핸드폰에 걸고 다니며 휴대할 수 있어 실용적이다.

쓰나미를 예측하는 지도?

　　　　　2004년 12월 26일 오전 7시 59분, 인도네시아 북수마트라 섬 서부 해안의 해저 40km 지점에서 쓰나미가 발생하였다. 이는 리히터 규모 8.9로, 수소폭탄 270개, 일본 히로시마에 떨어진 원자폭탄 266만 개의 위력에 해당한다.

　미국 해양대기청(NOAA)의 태평양지진해일경보센터(PTWC) 과학자들은 당시 인도양 해저에서 지진을 관측하고 급보를 띄웠다. 그러나 지진 발생이 외부에 알려진 것은 이보다 2시간가량 늦었고 이미 쓰나미는 동남아 일대를 휩쓴 다음이었다. 그런데 쓰나미는 동남아 지역에 피해를 준 것으로 그치지 않았다. 지진 발생 14~15시간이 지났을 때 진앙으로부터 6,000km 떨어진 아프리카 소말리아와 케냐 해안에 도착해 사망자를 발생시켰다. 지진 발생에서 해일이 닥칠 때까지 대피할 시간이 있었

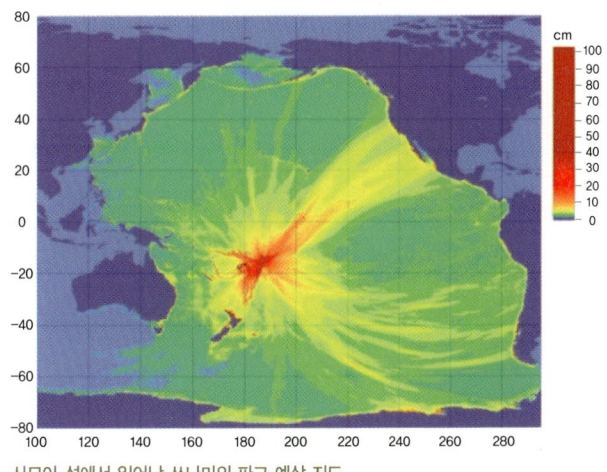
사모아 섬에서 일어난 쓰나미의 파고 예상 지도

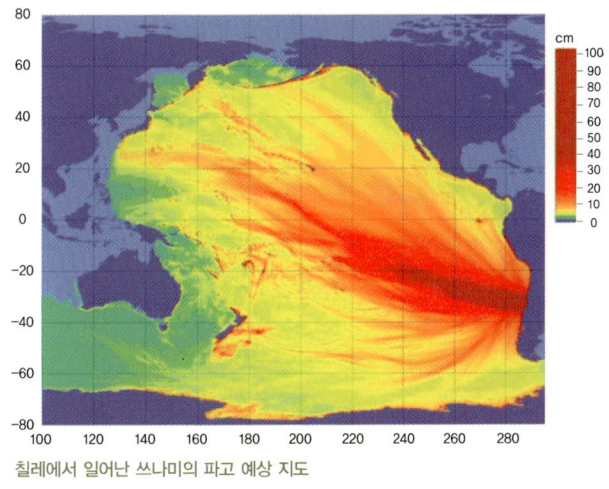
칠레에서 일어난 쓰나미의 파고 예상 지도

는데도 엄청난 사망자를 낸 것은 인도양 지역에 지진 해일 경보 체계가 없기 때문이라고 전문가들은 지적한다.

　2009년 9월 29일 10시 48분, 태평양 미국령 사모아 섬에서 진도 8.0 규모의 지진이 발생했다. 미국 해양대기청은 지진 여파로 발생한 쓰나미의 시간대별 파급도와 쓰나미의 파고 예상 지도를 만들었다. 그리고 이를 바

탕으로 캘리포니아 해안 지역에 긴급 쓰나미 경보를 발령했다. 뉴질랜드 정부도 경보를 발령했다.

이 쓰나미 지도는 사모아 섬을 중심으로 최고 1m 이상 해수면이 높아지면서 발생할 위협을 미리 보여 주고 있다. 쓰나미의 파고는 붉은색에서 푸른색으로 갈수록 낮아지며 센티미터 단위로 표시됐다. 색깔로 표시된 위험도는 서남쪽 뉴질랜드 북부에서 멀리는 동북부 미 캘리포니아 해안까지 파급되고 있음을 보여 주고 있다. 지도상에서 파란색에서 녹색, 노란색, 주황색, 붉은색으로 갈수록 쓰나미가 잦아드는 것을 보여 주고 있다.

2010년 칠레 지진은 진도 8.8 규모에 이르는 지진으로 53개 국가에 쓰나미 경보가 발령되었고 칠레 대통령은 '국가 비상 사태'를 선언했다. 이로 인해 700명 이상의 사망자가 발생했다.

종이 지도는 사라질까?

요즘은 운전할 때 내비게이션을 많이 이용하기 때문에 가고자 하는 곳의 이름만 입력하면 어디든 쉽게 찾아갈 수 있다. 내비게이션, 즉 차량자동항법 장치가 여행에 꼭 필요한 지도와 가이드 역할을 충분히 하는 것이다. 그뿐이 아니다. 컴퓨터만 켜면 위성 지도를 통해 목표한 장소를 실제로 보고 확인할 수 있다. 이제는 스마트폰을 통해 언제 어디서나 자신이 알고 싶은 장소의 위치를 정확히 알아낼 수 있으며 더 나아가 교통 정보는 물론 빠른 길, 도로의 교통량을 분석 제공해 목적지까지 최적의 경로를 이용해 도달하도록 도와준다.

구글이 만든 위성 영상 지도 서비스인 구글 어스(Google Earth)가 등장했을 때 많은 사람들의 관심을 끌었다.

이렇듯 디지털 지도가 상용화되면서 PC에서 마우스 스크롤만으로 마음대로 축소·확대해 가며 원하는 곳을 찾을 수 있고, 종이 지도처럼 일정 규격에 의해 지도가 잘리는 일 없이 전국 어디든 검색이 가능하고 프린트까지 할 수 있다. 또 지도상에서 거리 측정이나 면적 계산 등이 가능하며, 지도 화면을 자유롭게 변형시켜 중요한 장소를 등록하거나 디지털 카메라의 화상을 첨부할 수도 있으며, 지도를 캡처해 이메일 송신도 가능하다.

그렇다면 오랜 기간 인간으로부터 사랑받던 종이 지도는 사라질까? 잘 찢어지고 펼쳐 보기도 불편한 종이 지도는 과연 그 명맥을 유지할 수 있을까? 이제 종이 지도는 박물관에서나 볼 수 있는 날이 오는 건 아닐까? 하지만 아직까지는 전원 없이 아무 때나 볼 수 있고 넓은 지역을 한꺼번에 볼 수 있는 종이 지도의 장점 또한 무시할 수 없다.

구글 어스

구글 어스는 구글이 2005년 제공하기 시작한 지리 정보 서비스로 위성 이미지, 지도, 지형 및 3D 건물 정보 등 전 세계의 지역 정보를 제공한다. 구글 어스로 자신이 찾고자 하는 곳을 검색해 클릭하면 그곳이 지구의 반대편이라도 위성 영상 지도 서비스로 그곳의 세밀한 지형 정보나 건물 생김새까지 확인할 수 있다.

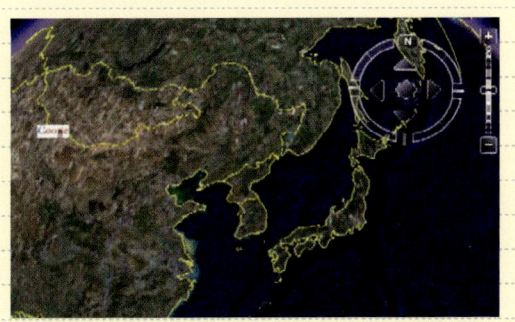

구글 어스로 본 우리나라의 모습

풀리지 않는 지구의 미스터리

'잃어버린 무(Mu) 대륙'은 과연 실제로 존재했을까?

1926년 영국의 퇴역 군인 제임스 처치워드는 저술한 〈잃어버린 무 대륙(The Last Continent)〉이라는 책을 발표했다. 고도로 발달했던 고대 문명에 관해 쓴 이 책은 전 세계에 큰 충격을 안겨 주었다.

이 책에서 주장하는 바에 따르면, 아주 오래전 태평양에는 북쪽으로는 하와이, 남쪽으로는 피지, 동쪽으로는 이스터 섬, 서쪽으로는 마리아나 제도 근처에까지 가 닿는 동서 길이가 8,000km, 남북 길이가 5,000km나 되는 거대한 대륙이 있었다. 그리고 그 대륙은 '무 제국'이라는 고도로 발달한 나라가 다스리고 있었다고 한다.

무 제국은 태양신을 숭배했으며 최고 사제가 황제가 되었다. 무 제국 사람들은 자신들의 문명을 세계에 퍼뜨리기 위해 인도와 유럽, 남아메리카까지 진출했다. 태양신을 받드는 이집트와 잉카 제국은 무 대륙의 문명을 이어받아 탄생할 수 있었다는 것이다. 그런데 어느 날 화산 폭발과 대지진, 지진 해일 등의 자연재해가 무 대륙을 덮쳤고 그 결과 대륙은 바다 깊숙이 가라앉고 말았다. 현재의 이스터 섬과 마리아나 제도는 그때 겨우 침몰을 면한 무 제국의 일부라는 것이 이 책의 주장이다.

처치워드의 주장은 인도의 고사원에서 그가 발견한 두 개의 고대 점토판에서 시작되었다. 이 점토판에는 난생처음 보는 이상한 도형과 기호 같은 것이 빼빼이 새겨져 있었다. 처치워드는 그 점토판들을 가지고 나와 거기에 새겨진 고대 상형문자를 해독하는 데 전념, 2년 동안 점토판 해석에 매달린 끝에 그는 마침내 상형문자를 해독하는 데 성공했다.

처치워드는 인도의 고사원에서 입수한 이 점토판을 '나칼 비문'이라 명명하고, 자신의 추측을 뒷받침할 수 있는 또 다른 고대 점토판을 찾아 나섰다. 그러다 멕시코의 광물학자 윌리엄 니벤이 수집한 멕시코 석판이 같은 내용을 담고 있다는 것을 알아내었다.

　물론 오늘날 이 이야기를 곧이곧대로 믿는 학자는 별로 없다. 그렇다고 무 대륙이 실존했었다는 주장이 전혀 근거 없는 지어낸 이야기라고 보기도 어렵다.

　태평양의 각 섬에 남아 있는 전설과 각 섬의 언어와 문화에 비슷한 점이 많다는 점도 예전에 하나의 대륙이 존재했다는 주장을 뒷받침해 준다.

　또 무 대륙이 있었다고 여겨지는 2만 년 전에는 지금보다 해수면이 100m가량 낮았다는 점도 처치워드의 주장을 지지해 준다. 빙하기가 지나고 해수면이 지금처럼 높아진 것은 1만 년 전 무렵의 일로, 이때쯤 무 대륙이 해저에 가라앉았다고 한다. 어쩌면 정말로 거대한 대륙이 침몰해서 해수면이 높아졌을지도 모를 일이다.

　더욱이 태평양의 심해에서는 화강암이 발견되고 있다. 화강암은 주로 지상의 시설을 만드는 데 이용되는 암석이다. 그것을 볼 때 지금은 바닷속에 가라앉아 있지만 그 부근이 아주 오래전에는 대륙이었을지도 모른다.

　이런 점들을 생각해 보면 무 대륙의 존재는 단순한 전설로만 여길 얘기가 아닐 수도 있다. 어쩌면 우리가 가장 오래된 문명으로 여기는 이집트나 잉카 문명 이전에 정말로 더 발달된 다른 문명 세계가 있었을지도 모를 일이다.

1926년 처치워드의 책에 삽입된 무 대륙의 위치가 표시된 세계지도

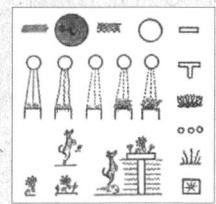
나칼 비문 상형문자

The Story of the World Map and Geography

Part 2

한눈에 보는 세계지도의 역사

chapter 05 _ 고대 세계의 지도 역사

chapter 06 _ 중세, 근세 대항해 시대의 지도 역사

chapter 07 _ 세계 탐험, 제국주의 시대의 지도 역사

chapter 08 _ 권력에 얽힌 근대와 현대로 이어지는 지도 역사

chapter 05

고대 세계의 지도 역사

The Story of the World Map and Geography

최초의 과학적 세계지도를 생각한 고대 그리스

고대인들은 자기들이 살고 있는 땅을 이해하려는 열망이 있었다. 아마도 그래서 지도를 만들기 시작했을 것이다. 이렇게 만들어진 지도 중에는 세계지도도 포함되어 있었다. 고대에 만들어진 세계지도는 대부분 실제 관측에 의해 만들어진 것이라기보다는 신화 속 이미지를 형상화하여 나타낸 지도에 불과했다. 그러나 고대 그리스인들은 실제 여행이나 항해를 통해 얻은 지식을 바탕으로 지도를 그리려는 노력을 하기 시작했다.

탈레스의 제자였던 아낙시만드로스(Anaximandros)가 최초의 세계지도를 만든 것으로 알려져 있으나, 그가 그린 지도 역시 당시 철학자들에 의해 알려진 세계관을 바탕으로 그린 상상도에 불과했다.

본격적인 세계지도 제작은 알렉산드로스 대왕의 세계 원정 이후부터 시작되었다고 할 수 있다. 당시 그리스인들은 폭넓은 항해와 무역을 통해 새롭게 발견한 땅의 지리적 지식을 얻을 수 있었다. 이를 바탕으로 실제적인 지도를 그리기 시작했으며 알렉산드로스 3세의 경우 측량 기사를 데리고 다닐 정도로 열의를 보였다. 이러한 지식을 바탕으로 그리스의 철학자들

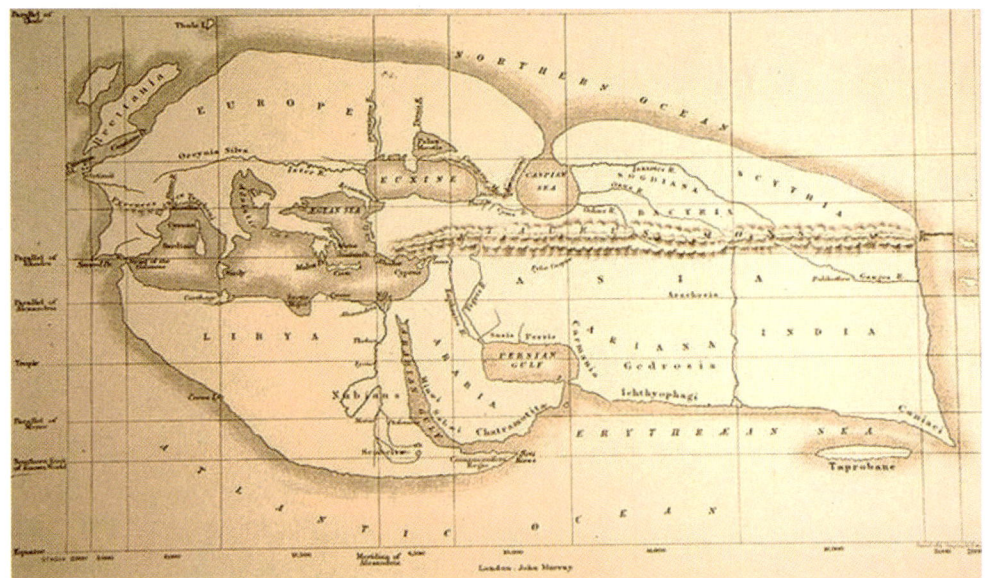

19세기에 복원한 에라토스테네스의 세계지도
현재는 전해지지 않는 에라토스테네스의 세계지도를 19세기에 다시 복원, 제작한 세계지도이다.

지구구형설(地球球形說)
옛날 사람들은 지구가 평평한 바둑판처럼 생겼다고 생각했다. 이에 반해 조금 더 과학적인 생각을 한 사람들은 지구가 태양과 달 사이에 들어갔을 때 생기는 월식 현상을 보고 지구가 둥글다고 주장했는데, 이것이 지구구형설이다.

은 지구구형설(地球球形說)을 확립하였다. 즉 지구의 육지는 하나의 대양으로 둘러싸인 구형이라고 생각한 것이다. 기원전 시대에 이런 상상을 할 수 있었다는 것은 대단하다 하지 않을 수 없다. 특히 천문학자였던 에라토스테네스(Eratosthenes)는 지구를 완전한 구형이라 가정한 후 지구 둘레를 계산하기에 이르렀고 처음으로 지도에 경·위도를 표시하기까지 했다. 놀라운 것은 그가 계산한 지구 둘레의 크기와 현대 과학으로 측정한 것이 불과 15% 정도밖에 차이가 나지 않는다는 사실이다.

프톨레마이오스가 그려 낸 놀라운 세계지도

그리스를 중심으로 발달한 지도제작술은 지리학자이자 천문학자였던 프톨레마이오스에 의해 비약적인 발전을 이루게 된다. 프톨레마이오스는 당시로서는 놀랍다고 할 수밖에 없는 세계지도를 완성해 내었다. 그는 〈지리학(Geographike Hyphegesis)〉이라는 책을 통해 세계지도를 소개했는데, 거기에는 비록 차이가 나긴 하지만 현재의 세계지도와 제법 비슷한 모양새를

프톨레마이오스
(Klaudios Ptolemaeos, 85?~165년경)
그리스의 천문학자로 천동설을 주장한 것으로 유명하다. 천동설은 지구를 중심으로 해와 달 등 모든 별들이 움직인다는 가설이다. 또한 지리학자로서 지리학의 명저인 〈지리학(Geographike Hyphegesis)〉을 저술하여 후대에 큰 영향을 주었다. 〈지리학〉에는 매우 과학적인 세계지도가 담겨 있어 놀라움을 자아낸다.

요하네 슈니처(Johane Schnitzer)의 프톨레마이오스식 지도
프톨레마이오스가 제작한 지도는 원본이 남아 있지 않아 후세에 그의 이론과 세계관을 모사한 지도가 제작되었다. 슈니처의 지도는 로마 판을 거쳐 베네딕트 수도사인 도미니우스 니콜라우스 게르마누스가 그린 지도를 목판 판각한 것으로 프톨레마이오스식 지도의 여러 판본 중 가장 뛰어난 판본으로 손꼽힌다.

갖춘 세계지도가 실려 있다. 당시의 기술로 이 정도의 세계지도를 만들었다는 것은 놀라운 일이 아닐 수 없다.

무엇보다 대단한 것은 위도와 경도의 선을 정확하게 표시하였다는 점이다. 동서로 잇는 위도의 선은 현재와 같이 적도를 0도로 시작하여 북극까지 90도로 커지는 방법으로 나타내었다. 또한 남과 북을 잇는 경도의 선은 동쪽과 서쪽으로 180도로 나누어 표시했다. 이는 현재의 경도선과 비교해도 불과 몇 도밖에 차이가 나지 않을 정도의 정밀성을 자랑한다. 지금처럼 과학이 발달하지 않은 당시에 어떻게 이런 고도의 지식을 갖출 수 있었을까? 놀라운 것은 프톨레마이오스가 당시 세계 곳곳을 여행한 상인들과 로마 관리들의 증언을 바탕으로 이런 지식을 얻게 되었다고 하니 입이 다물어지지 않을 지경이다. 프톨레마이오스 세계지도의 놀라움은 여기에서 그치지 않는다. 그는 지구가 구형임을 나타내고자 위도와 경도선을 원호 형태와 부채꼴 모양의 곡선으로 나타내기까지 하였다.

서구보다 일찍 지도제작술에 눈뜬 고대 이슬람

서구 사회가 중세를 지나고 있을 무렵, 서구 세계는 모든 사상과 표현이 절제되었기 때문에 문화적 발전을 기대할 수 없는 상황이었다. 반면 아랍 세계는 어땠을까? 아랍 세계는 이슬람이라는 새로운 종교를 바탕으로 아시아에서 북아프리카, 유럽에 이르는 거대 이슬람 제국을 건설하며 문화적 중흥기를 맞이하고 있었다. 당시 이슬람 세계가 일궈 낸 문화적 수준은 우리의 상상을 초월한다. 당시 이슬람 사회가 서구 세계를 미개 종족이라 표현할 만큼 이슬람 문화는 서구의 그것을 앞지르고 있었던 것이다. 사실상 근세 서구 문화의 발전이 아랍 문화의 영향 때문이라는 사실은 이미 잘 알려져 있을 정도다.

이러한 역사적 배경을 바탕으로 이슬람 학자들은 일찍부터 지도제작술에 눈뜨기 시작했다. 이슬람 세계에서 지도는 거대 이슬람 제국을 건설하고자 했던 칼리프(이슬람의 왕, 최고 지도자를 지칭)들에게 꼭 필요한 것이기도 했다. 이에 역대 칼리프들은 지도 제작을 적극 지원했다. 특히 알 마문(Al-Ma'mun)은 세계지도 제작을 적극 지원한 대표적인 칼리프로 꼽힌다. 아쉽게도 이때 제작된 세계지도가 전해지지는 않지만, 기록상으로 볼 때 상당한 기술을 이뤄냈던 것으로 보인다. 이는 당시 이슬람의 지도학자들이 서구 사회가 간과하고 있었던 고대 그리스의 프

알 마문(Al-Ma'mun, 786~833)
이복형이 칼리프에 즉위하자 형을 살해하고 819년 칼리프의 자리에 오른다. 7대 칼리프 알 마문은 치세하는 동안 동서양의 문헌들을 들여와 아랍어로 번역, 이슬람의 학문과 예술을 최고의 위치로 끌어올리는 데 큰 역할을 하였다.

톨레마이오스에 주목했기 때문일 것이다. 이슬람 지도학자들은 이미 9세기에 프톨레마이오스의 작품을 아랍어로 번역하여 프톨레마이오스의 세계지도를 분석하기 시작했다. 또한 이들은 중국과의 교역을 통해 얻은 지리적 지식도 지도에 반영했다. 덕분에 이슬람의 세계지도에는 아시아 지역의 강과 산 등이 더 잘 표현되어 있다고 한다.

프톨레마이오스의 지도에 버금가는 세계지도를 펴낸 알 이드리시

지도 제작에서 가장 주목할 만한 업적을 남긴 이슬람 학자는 단연 알 이드리시(Abdullah Al-Idrisi)이다. 알 이드리시는 당시 찬란한 이슬람 문화를 꽃피웠던 에스파냐의 코르도바에서 공부했으며 15년 동안이나 에스파냐 각지와 영국 등 북유럽은 물론 북아프리카, 소아시아에까지 여행하였다. 그러다 당시 지리학에 특별한 관심을 가지고 있었던 시칠리아의 왕 로제르 2세를 만나면서 그의 지도제작술은 활짝 피어나게 된다. 로제르 2세는 지리에 대단한 지식을 가진 알 이드리시에게 감탄하며 '세계 지구의' 제작을 의뢰했다. '세계 지구의'란 공 모양의 지구 표면에 세계지도가 그려진 것으로 지금의 지구본에 해당하는 것이다. 이에 알 이드리시는 400kg 상당의 은으로 세계지도가 그려진 세계 지구의를 만들었다. 그리고 이에 대한 이해를 돕기 위해 〈로제르의 서(Book of Roger)〉라 불리는 책을 함께 펴냈는데 이 책에 세계지도는 물론 각각 다른 지역을 그린 70개의 지도가 실려 있다.

그렇다면 알 이드리시가 그린 세계지도는 어떤 모양일까?

무엇보다 이전 중세의 세계지도와 달리 남과 북이 거꾸로 되어 있는 것이 이채롭다. 그리고 스칸디나비아 반도는 물론 중국 연안까지

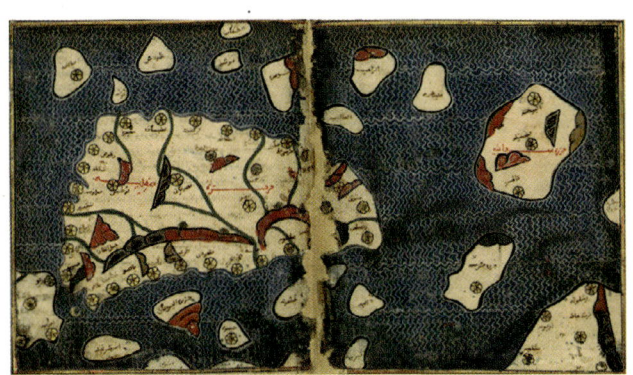

알 이드리시가 제작한 지도 속에 나타난 시칠리아

알 이드리시의 세계지도
알 이드리시가 1154년에 제작한 세계지도는 동쪽을 윗부분에 놓은 중세의 TO 지도와는 달리 남쪽을 꼭대기에 배치한 지도이다. 이는 남쪽을 지도 윗부분에, 아시아가 있는 동쪽을 지도 왼쪽에, 유럽이 있는 서쪽을 지도 오른쪽에 배치하는 이슬람의 전통적인 지도제작술을 따른 것. 아라비아 반도를 지도의 중심에 놓은 이 지도에는 지중해 연안과 유럽, 중앙아시아, 아프리카가 뚜렷하게 나타나며 중국 연안이 포함되어 있으며 이 세계지도 속에 우리나라, 신라가 최초로 등장한다.

로제르의 서
〈세계를 여행하고 싶은 사람들의 즐거움에 관한 책〉이라는 긴 제목의 책은 원제목보다 〈로제르의 서〉라는 이름으로 더 잘 알려져 있다. 원어명이 〈알키타브 알루자리(Al-Kitab al-Rujari)〉인 이 책은 알 이드리시가 지구의를 만들면서 이에 대한 이해를 돕기 위한 정보 일람표의 성격으로 만든 것으로 지리학적 지식을 총망라하고 있다. 여기에는 세계 여러 나라의 언어, 풍습은 물론 각 지역을 묘사한 70개의 지도까지 포함되어 있다.

지도에 포함시킨 것과 둥그런 평행선을 사용했다는 점이다. 하지만 역시 대서양 전역에 흩어진 큰 섬들을 그린 것이나 스칸디나비아 반도를 섬으로 표현한 것, 인도나 동아시아를 빠트린 것은 아쉬움으로 남는다. 이는 당시 이슬람 지도제작술이 프톨레마이오스의 세계관을 벗어나지 못했다는 증거이기도 하다.

한편 11세기 천문학자였던 알 비루니가 제작한 세계지도에는 인도에 대한 부분이 더 잘 표현되어 있었다고 한다. 하지만 그의 지도는 아쉽게도 지금은 전해지지 않는다. 어쨌든 당시 이슬람 지도학자들이 중세시대에 멈췄던 세계지도제작술을 한 단계 더 발달시키는 공적을 세운 것만은 인정해야 할 것이다.

고대 중국에서도 놀라운 지도가 그려졌었다!

중국인들은 이미 기원전 2100년경부터 지도를 그리기 시작했던 것으로 알려져 있다. 이는 당시 토기 겉면에 그려졌던 지도들로 생생히 증명된다. 그리고 기원전·후로 그려진 지도들에서 이미 축척을 감안한 지형도가 그려졌다는 점에서 서구의 지도제작술에 결코 뒤지지 않았음도 알 수 있다.

초기 중국에서 발견되는 지도들은 다른 지역과 마찬가지로 토지의 크기와 소유 여부를 나타내기 위해 만들어진 지적도(地籍圖)와 군사 지도 등이다. 이러한 중국의 지도제작술의 발전에 지대한 공헌을 한 사람은 배수(裵秀)이다. 배수는 중국 진(晉)나라 시대의 지리학자로 당시의 지도 18매와 지도제작술이 담긴 〈우공지역도(禹貢地域圖)〉를 펴내어 후대 중국의 지도제작술에 커다란 영향을 미쳤다. 배수의 지도제작술에서 특히 주목할 점은 울퉁불퉁한 지형을 지도로 나타낼 때에 고저를 표현하는 규칙과 원칙 등을 만들었다는 점이다. 이러한 규칙들은 서구의 지도제작술이 들어올 때까지 계속되었다는 점에서 그의 영향력이 얼마나 대단했는지 짐작할 수 있다. 그렇지만 아쉽게도 고대 중국의 지도학에 관해 가장 오래된 기록인 〈우공지역도〉는 전해지지 않는다.

중국의 지도가 서구보다 뛰어났던 것은 나침반의 사용과 지도 인쇄에 관한 부분이다. 이는 중국에서 일찍이 종이가 발명된 것과 무관하지 않다. 11~12세기 무렵 중국에서는 나침반이 사용되고 최초의 인쇄된 지도가 나타나기 시작한다.

이러한 중국의 지도에서 아쉬운 것은 세계관이 중국에서 벗어나지 못하고 있다는 점이다. 이는 중국인들이 중국 외 다른 세계가 있다는 사실을 몰랐기 때문은 아니다. 왜냐하면 중국은 이미 5세기부터 인도 등 다른 나라와 교류를 시작했기 때문이다. 그럼에도 불구하고 중국의 세계지도가 중국에 한정되어 그려진 것은, '중국 중심주의'로 대변되는 중화주의와 외부 세계에 대한 중국의 관심이 그만큼 제한적이었기 때문일 것이다.

우리나라는 언제부터 지도를 그렸을까?

기록으로 남아 있는 우리나라의 지도 역사를 더듬어 보면 삼국 시대로 거슬러 올라간다. 고구려인들은 수많은 벽화를 남겼는데 벽화에 별자리에 대한 그림 지도가 무수히 많이 있음을 볼 수 있다. 이는 무엇을 말하는가? 하늘의 지도를 그릴 정도라면 아마도 당시에 이미 지도를 그리기 시작했음을 짐작할 수 있다. 실제 〈삼국사기〉에 628년 당나라에 고구려 지도를 보냈다는 기록이 이를 뒷받침한다.

백제와 신라 역시 지도를 사용했다는 기록이 남아 있다. 〈삼국유사〉에 의하면 백제가 〈백제지리지(百濟地理誌)〉라는 지리책을 남겼다고 하는데 이 지리책에 당연히 지도가 포함

5세기 당시 고구려인들이 그린 별자리 지도
비록 하늘의 별자리를 그린 지도이긴 하지만 최초로 지도라는 개념의 그림을 그렸다는 데 의의가 있다.

되어 있었을 것이다. 신라 역시 〈삼국사기〉에 지도를 사용하였다는 기록이 남아 있다.

그러나 아쉽게도 삼국시대의 지도는 사용했다는 기록만 있을 뿐 현재 전해지지 않기 때문에 당시의 지도제작술이 어느 정도였는지는 베일에 가려져 있다.

우리나라의 지도제작술은 고려시대에 이르러 획기적인 발전을 이루게 된다. 그것은 역시 중국에서의 지도제작술 발달과 무관하지 않으며 고려는 이 영향을 크게 받았던 것으로 보인다. 하지만 고려시대의 지도 역시 기록상으로만 전해져 오고 있기에 실제 어떤 모습이었는지는 알려져 있지 않은 상황이다.

조선시대의 기록에 의하면, 고려 전기에 〈5도양계도(五道兩界圖)〉라는 고려 지도가 있었다고 알려져 있으며 윤포라는 사람이 〈오천축국도(五天竺國圖)〉를 만들었다고 전해진다. 〈오천축국도〉는 단순한 고려 지도가 아니라 세계지도라 할 수 있는 지도였다. 또한 공민왕 때 나흥유(羅興儒)라는 사람이 중국과 우리나라를 합쳐 만든 지도를 그렸던 것으로 알려지고 있다. 고려시대에 이런 지도가 만들어진 것은, 당시 고려가 아라비아 상인과 교류할 정도로 국력이 세계로 뻗어나가고 있었기 때문이었다.

> **오천축국도**
> 당나라의 현장이 쓴 〈대당서역기(大唐西域記)〉를 따라 윤포가 만든 지도로서, 이전까지 중국을 중심으로 하는 세계관에서 벗어나 인도와 중앙아시아로 그 시야를 넓혔다는 점에서 의미가 깊은 지도라 할 수 있다.

중동 지역
인도의 델리, 사우디아라비아의 메카 지역을 볼 수 있다.

유럽, 아프리카 대륙
지중해 해안선과 아프리카 해안선이 잘 나타나 있다. 지도 하단에는 황금의 왕으로 알려진 아프리카의 전설적인 왕 말리 왕 '만사 무사'가 보인다.

카탈루냐 지도첩

여섯 장의 양피지에 화려한 색깔과 금박을 입혀 제작한 카탈루냐 지도첩은 14세기, 아브람 크레스케스에 의해 제작된 것으로 추정된다. 천문학과 점성학은 물론 시간에 대한 개념을 설명한 지도는 특히 나침반 선이 표시되어 있어 항해도 발달에 영향을 주었다. 지중해를 중심으로 유럽, 중동, 중국, 아시아를 나타내고 있다. 마르코 폴로와 여러 탐험가들로부터 얻은 사실적인 정보와 상상력이 결합된 카탈루냐 지도첩은 당대에는 가장 정확한 지도였으나, 곧 그 정확성을 의심받는다.

중동에서 중국, 인도에 이르는 지역
지도 상단에는 중국으로 향하는 마르코 폴로의 낙타 행렬을 볼 수 있다.

chapter 06

중세, 근세 대항해 시대의 지도 역사

The Story of the World Map and Geography

지도 제작의 암흑기, 중세시대

앞에서도 언급했듯이, 서구의 중세시대는 지도 제작의 암흑기였다고 할 수 있다. 7~12세기까지 제작된 잉글랜드의 지도가 하나도 없다는 점이 이를 반증한다. 이는 중세 사회가 워낙 폐쇄적이고 봉건적이었기 때문에 지역 간의 교류가 막히면서 나타난 자연적인 현상이라고 할 수 있을 것이다. 중세시대의 대표적인 지도로 'TO 지도'를 들기도 한다. 그러나 이는 현대의 기준으로 보면 지도라기보다 기독교의 신앙관을 나타낸 신화 지도에 불과하다. 비록 아시아·아프리카·유럽 대륙을 3분하여 표시하고 지중해, 나일강 등이 표현되어 있지만, 지도의 중심에 예루살렘이 위치하고 지도의 꼭대기에 그리스도를 표현한 것 등은 과학과는 거리가 멀다고 볼 수밖에 없다.

중세시대에 전해지는 대표적인 지도로는 영국의 베네딕트 수도회 수도사였던 매튜 파리스(Matthew Paris)가 그린 지도와 '고흐 지도'가 있다. '매튜 파리스의 지도'는 스코틀랜드를 섬으로 묘사했다는 아쉬움이 있지만 제법 정확하게 영국을 묘사한 것으로 알려져 있다.

> **매튜 파리스(Matthew Paris 1200~1259)**
> 영국 베네딕트 수도회의 수사였으며 지도제작자로서 1225년부터 1229년 사이에 네 점의 영국 지도를 제작하는 데 성공하였다. 이때 그가 만든 영국 지도는 이전의 영국 지도보다 정확도 면에서 한 단계 발전을 이루었다.

중세에서 가장 큰 지도, 엡스토르프 세계지도(Ebstorf Mappa Mundi)
1300년경 만들어진 엡스토르프 세계지도는 TO 지도로 3.57m 크기의 양피지 지도로 여느 TO 지도와 마찬가지로 기독교적 세계관을 반영하고 있다. 에덴동산, 예루살렘, 바벨탑, 헤라클레스 등 성경과 고대 신화 속의 내용을 지도로 표현하였다.

고흐 지도
골동품 수집가였던 리처드 고흐(Richard Gough)의 이름을 딴 세계지도로 스코틀랜드를 섬으로 나타냈다.

'고흐 지도(The Gough Map)'는 18세기 골동품 수집가였던 고흐라는 사람의 손에 우연히 영국 지도 한 장이 들어오면서 세상에 알려졌다. 지도의 제작자가 누구인지 알 수 없었기 때문에 '고흐 지도'라 이름 붙여졌으며 이 지도는 1360년 무렵의 영국을 묘사한 것으로 밝혀졌다. 놀랍게도 당시 620개였던 거주민 마을이 정확히 묘사되어 있었고 도로가 효과적으로 그려져 있었다는 점에서 커다란 의의가 있다.

프톨레마이오스의 재발견으로 획기적 전환점을 맞다

15세기는 서구 유럽의 지도제작술에 획기적인 발전을 이룬 시기였다고 할 수 있다. 아랍 세계에서는 이미 9세기 무렵에 연구되기 시작했던 프톨레마이오스의 세계지도에 드디어 유럽인들도 관심을 가지기 시작했기 때문이다. 1406년 프톨레마이오스의 〈지리학〉이 라틴어로 번역되었다. 이후 이 번역서에 근거해 만들어진 지도들이 곳곳에서 나타나기 시작했다. 유럽인들이 지도 제작에 새로운 눈을 뜨게 된 것이다.

15세기는 포르투갈의 엔리케 왕자가 최초의 탐험대를 파견하여 대항해 시대를 연 바로 그때이기도 하다. 따라서 항해에 필요한 정확한 세계지도의 필요성이 절실한 시기이기도 했기에 지도제작술의 발달은 어쩌면 시대적 요구이기도 했다. 거기에 1450년대 이후 급속히 발달하기 시작한 인쇄술은 프톨레마이

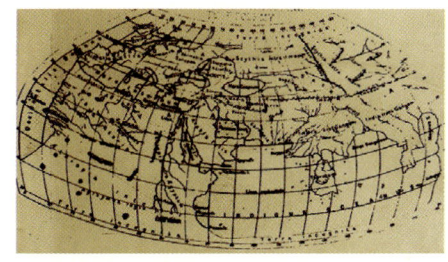

프톨레마이오스의 세계지도
프톨레마이오스의 〈지리학(Geographia)〉 안에 수록되어 있는 지도. 대략적인 세계의 모습은 물론 지명까지 기록해 넣은 이 지도는 세계지도 발전에 지대한 공헌을 하였다. 옛 국토지리정보원의 사이버 박물관 소재.

오스의 〈지리학〉을 단숨에 베스트셀러로 만들었고 지도제작술은 더욱 발달할 수밖에 없었다. 그것은 〈지리학〉이 개정판을 거듭할수록 새로운 지도가 첨가되거나 보완되는 방식으로 진행되었다. 1427년에는 북유럽 지도가 보완되었고 1472년에는 프랑스와 이탈리아, 스페인 등이 추가 및 보완되었다. 이후 세계지도는 콜럼버스에 의해 발견된 아메리카까지 추가되면서 점점 현대의 세계지도와 그 모습이 닮아 가기 시작한다.

이처럼 프톨레마이오스의 세계지도 재발견은 서양 지도 제작의 핵심적인 기준으로 작용할 만큼 커다란 영향을 주었다.

포르투갈에서 가장 오래된 칸티노 세계지도(Cantino Planisphere, 오른쪽)
항해에 필요한 컴퍼스 로즈(Compass Rose)로 지도 곳곳을 장식한 칸티노 세계지도는 대항해 시대를 주도한 포르투갈에서 제작한 항해 지도이다. 현재 전해지는 칸티노 세계지도는 1502년 포르투갈의 지도를 몰래 모사하여 이탈리아로 가져온 알베르토 칸티노(Alberto Cantino)의 이름을 붙인 것. 브라질 해안이 그려진 칸티노 지도는 포르투갈이 항해를 하면서 발견한 섬과 땅을 표시하고 있다.

15세기의 콜럼버스 지도(Columbus Map, 아래)
'콜럼버스 지도'로 불리는 이 지도는 1490년경 신세계가 발견되기 전의 세계를 보여 준다. 콜럼버스나 그의 형제 바토로메오가 항해할 때 사용되었을 것으로 추정한다.

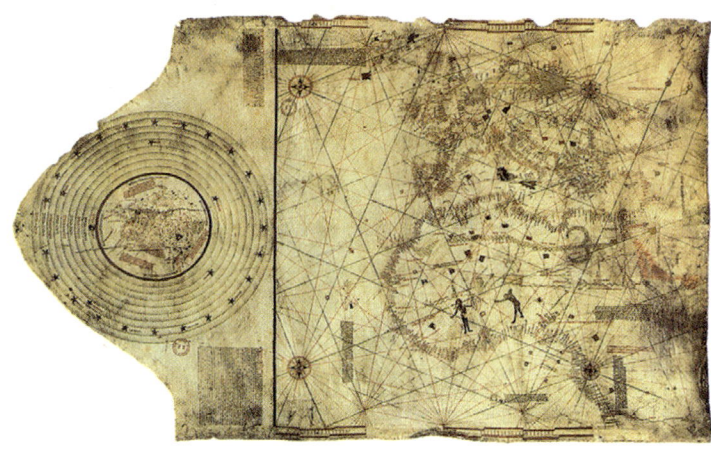

콜럼버스가 발견한 신대륙이 추가된 신세계지도

15세기 후반, 사람들은 프톨레마이오스의 〈지리학〉 덕분에 이제 세계 지리에 대한 어느 정도의 그림을 그릴 수 있었다. 이에 이탈리아의 탐험가였던 크리스토퍼 콜럼버스(Christopher Columbus)는 세계지도를 들고 대항해를 떠나게 된다. 그가 목표로 한 곳은 인도. 그러나 그가 지구를 한 바퀴 돌고 도착한 곳은 인도가 아니라 오늘날 쿠바, 아이티 등에 해당하는 서인도 제도였다. 그것은 그가 철석같이 믿고 있던 프톨레마이오스의 지도에는 나와 있지조차 않는 것들이었다.

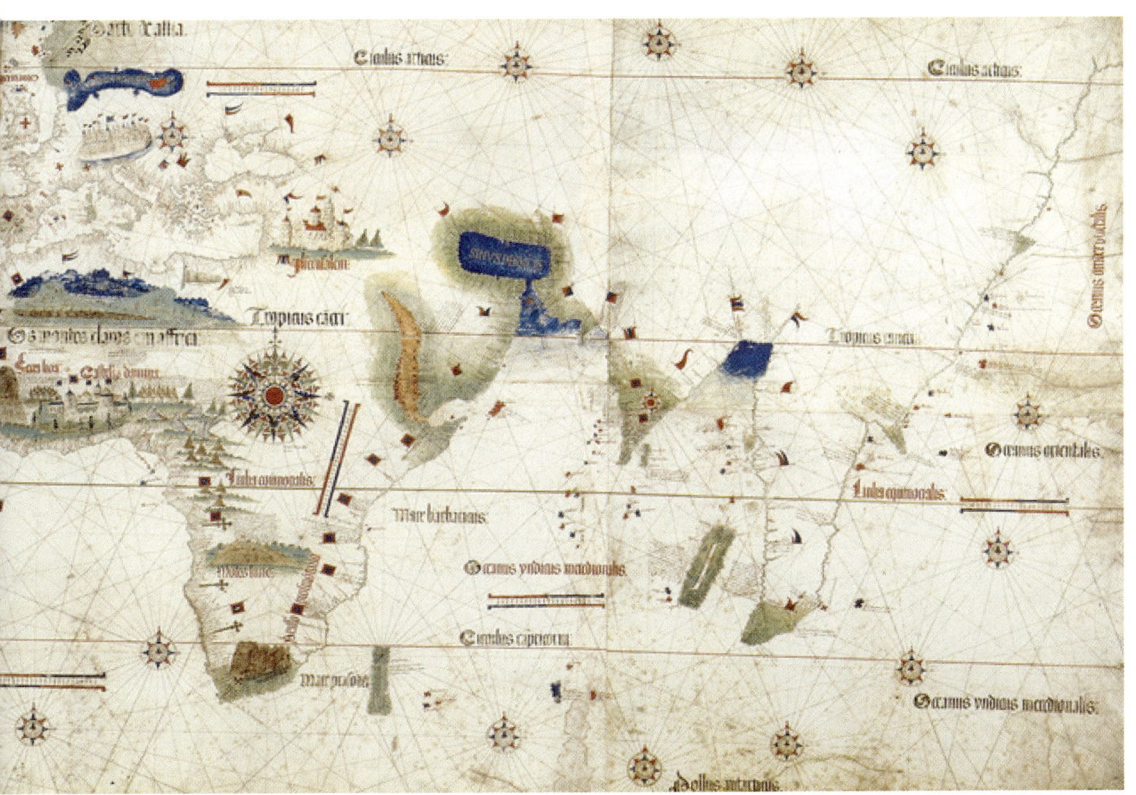

이렇게 새로운 땅 아메리카 대륙이 발견되었다. 따라서 세계지도도 바뀌어야 했다. 신세계지도는 당연히 이때부터 그려지기 시작했다. 1502년에 그려진 칸티노 지도에는 아메리카가 표현되기 시작했고 이후 네덜란드의 지도학자 오르텔리우스 등에 의해 남아메리카는 섬으로 표현되다가 점점 발전하여 북아메리카와 남아메리카로 나눠지게 되었다.

이제 신세계의 모습이 지도로 인해 구체적으로 형상화되자 아메리카에 눈독을 들이는 전 세계의 사냥꾼들이 달려들었다. 하지만 이때 만들어진 아메리카를 포함한 세계지도는 태평양이 지금보다 훨씬 작게 묘사되는 등 완전하지 못한 모습을 보여 주었기 때문에 그들은 많은 시행착오를 겪어야 했다.

지리상의 발견이 지도학의 부흥으로 이어져……

사실 콜럼버스가 아메리카를 발견하기 이전까지만 해도 서구의 사람들은, 지구가 지구 표면의 약 3분의 2를 덮고 있는 하나의 대륙과 그것을 둘러싸고 있는 바다로 이루어져 있다고 생각했다. 그러나 콜럼버스의 신대륙 발견으로 그것이 잘못된 생각이란 사실을 깨달을 수 있었다. 뒤이어 계속된 마젤란의 세계 일주는 세계인들에게 새로운 지구에 대한 지식을 알려 주었다. 수많은 탐험과 발견을 통해 바다와 육지의 윤곽이 점점 분명해지게 되었다.

이러한 시대적 배경을 바탕으로 지도제작술은 획기적 발전을 이루기 시작한다. 가장 먼저 지도학이 발달한 곳은 네덜란드. 그것은 네덜란드 초기의 지도학자였던 메르카토르(Gerardus Mercator)가 있었기 때문에 가능했다.

그는 '메르카토르 도법'으로 알려진 독특한 지도제작법을 개발하여 '메르카토르 세계지도'를 그려냄으로써 훗날 근대 지도학의 시조로 불리게 된다. 메르카토르 도법은 오늘날 세계지도에도 이용되는 대표적인 지도제작법이 되었다.

이후 1593년 네덜란드의 지리학자 페트로 플란치오(Petro Plancio) 등 여러 지도학자가 세계지도를 제작하였다. 플란치

메르카토르(Gerardus Mercator, 1512~1594)
16세기 네덜란드의 지리학자로 오늘날에도 사용되는 메르카토르 도법의 창시자로 유명하다. 그는 이 도법을 이용하여 15매로 된 대(大) 유럽 지도와 8장으로 된 영국 지도를 완성한 후 1569년에 메르카토르 세계지도를 완성함으로써 근대 지도 제작의 기초를 마련하였다. 1585년에는 〈지도첩(Atlas)〉을 발간했다.

플란치오의 세계지도
천문학자, 지도 제작자이면서 성직자였던 플란치오가 1594년에 그린 것으로 최초로 우리나라를 세계지도에 코라이(Corai)로 표시한 것으로 유명하다. 우리나라는 길쭉한 섬나라로 그려져 있다.

Chapter 06 _ 중세, 근세 대항해 시대의 지도 역사 • 111

오가 제작한 세계지도의 모습을 보면 우리나라가 길쭉한 섬나라로 표현되어 있는 것이 이색적이다. 이는 당시 서구의 지도 제작자들에게 조선이 둥글거나 길쭉한 섬나라로 알려져 있었기 때문이었다.

세계지도 제작의 명인들이 탄생하다

메르카토르 이후로 세계지도 제작의 중심지로 떠오른 네덜란드에서는 수많은 지도 제작의 명인들이 탄생했다.

처음 이름을 올린 사람은 아브라함 오르텔리우스(Abraham Ortelius)이다. 그는 벨기에에서 태어났으나 부모가 독일인이었기 때문에 자신을 벨기에인이라 하기도 하고 독일인이라 하기도 했다. 메르카토르의 영향을 받았던 오르텔리우스는 20세가 되면서부터 지도를 그려 생계를 꾸릴 정도로 지도와 관련된 일을 하기 시작하여 1564년에 8장으로 된 〈세계대지도의 제작〉을 완성하였다. 이후 1570년 필생의 역작인 〈세계의 무대(Theatrum Orbis Terrarum)〉라는 세계지도책을 펴내었는데 여기에는 70장의 지도가 고스란히 담겨 있다.

이후에 이름을 떨친 사람으로 카에리우스(Kaerius), 혼디우스(Hondius) 등을 들 수 있다. 카에리우스는 혼디우스에게 수학했으며 카에리우스가 그린 세계지도첩을 혼디우스가 출판하는 식으로 합작하여 세계지도를 만들어 내기도 하였다. 이렇게 카에리우스가 남긴 세계지도는 후대에 큰 영향을 끼치게 된다.

오르텔리우스(Abraham Ortelius, 1527~1598)
플랑드르(오늘날 네덜란드와 벨기에 접경 지역) 출신의 판화가이자 지도 제작자. 오르텔리우스는 메르카토르와도 교제하며 지도 제작에 대한 지식을 쌓으며, 포르투갈과 스페인의 탐험가들이 그린 지도를 모아 지도첩 〈세계의 무대(Theatrum Orbis Terrarum)〉를 제작했다. 오르텔리우스는 이 지도책에서 과거의 전통에서 탈피하여 불필요하게 문장들로만 이루어진 쪽을 없애고 순수 지도를 많이 넣으려 노력하였다.

그러나 카에리우스가 남긴 지도의 상당 부분에 영향을 준 지도학자가 있었으니 그는 네덜란드의 빌렘 얀스준 블라외(Willem Janszoon Blaeu)이다. 블라외의 등장 이후 블라외 가문은 약 100년 동안이나 지도 제작의 명가로 이름을 드높이며 활약하게 된다. 이처럼 블라외 가문의 세계지도가 인기를 얻을 수 있었던 것은 지도의 미적 가치나 규모가 다른 어떤 것보다 뛰어났기 때문이었다. 블라외 가문이 남긴 지도첩 중 가장 유명한 것은 1662년에 출간한 〈대지도첩〉으로 이전에 출간된 어떤 지도첩보다 화려하기 그지없었다. 〈대지도첩〉은 593장의 지도와 3,000페이지의 설명글을 실었다.

요도쿠스 혼디우스(Jodocus Hondius, 1594~1629)
조판공으로 시작해 출판업을 한 혼디우스는 메르카토르의 사업을 인수하여 자신의 지도를 덧붙여 메르카토르의 〈지도첩〉을 다시 발간했다. 좀 더 세련된 장식으로 꾸며지고, 채색이 들어간 〈지도첩〉은 큰 성공을 거두었다.

세계의 무대
1570년 출간된 〈세계의 무대〉는 대형 지도(가로 86cm, 세로 58cm) 70장을 엮어 만든 라틴어 지도첩. 지도가 엉성한 단점을 지니지만 5대양 6대주를 제대로 담은 최초의 현대식 지도였다. 〈세계의 무대〉는 세간의 주목을 받으며 1724년까지 7개 국어로 번역돼 유럽 전역으로 퍼져 나갔고, 유럽의 세계 지배욕을 자극하게 된다.

1662년에 만든 블라외의 세계지도
빌렘 얀스준 블라외의 아들 요안 블라외에 의해 그려진 세계지도. 블라외 가문의 지도는 세밀함과 아름다움이 돋보이는 수작들로 지도 발전의 정점을 이룬다.

헨리쿠스 혼디우스(Henricus Hondius)의 동서양반구도(東西兩半球圖)
요도쿠스의 아들 헨리쿠스가 1630년에 네덜란드 암스테르담에서 제작한 세계지도. 지도 여백을 뛰어난 지도학자의 초상화로 장식했다. 케사르, 톨레미, 메르카토르, 혼디우스가 초상화의 주인공들이다.

중국 중심의 세계지도를 펴낸 마테오리치

이탈리아 출신의 예수회 선교사로 중국에 건너가 활동했던 마테오리치(Matteo Ricci)가 등장하기 전까지 서구에 의해 그려진 세계지도는 유럽이 중심에 오는 모양새를 갖추고 있었다. 그러나 마테오리치의 등장으로 중국이 중심에 오는 세계지도가 탄생하기에 이른다.

마테오리치는 1583년 광둥성을 통해 중국에 입국하여 1610년 베이징에서 사망할 때까지 중국의 선교사로 활동한 인물이다. 그는 그동안 서구 세계에 잘못 알려진 중국과 우리나라, 일본에 대한 정보를 수정하기 위해 기존의 세계지도를 바탕으로 수정된 세계지도를 제작하는 데 온힘을 기울였다. 그리하여 1583년에는 〈곤여전도〉를, 1600년에는 〈산해여지전도〉, 그리고 1602년에는 〈곤여만국전도〉를 완성해 내는 업적을 이뤄 낸다. 〈곤여만국전도〉에서는 드디어 우리나라가 섬나라가 아닌 반도국으로 그려져 있어 커다란 의미를 가진다.

그러나 마테오리치가 그려 낸 세계지도는 서구 사회의 주목을 받지 못한다. 그것은 아마도 세계지도를 중국 중심으로 그렸기 때문이기도 할 것이다. 그렇다면 마테오리치는 왜 이런 중국 중심의 세계지도를 만들었을까? 그것

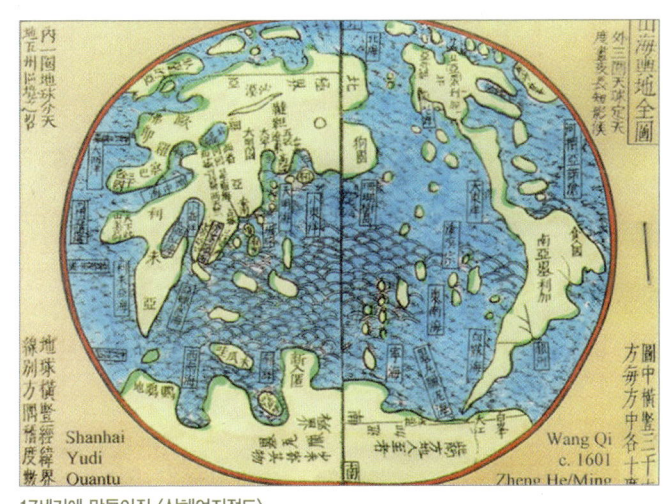

17세기에 만들어진 〈산해여지전도〉
마테오리치가 만들었다는 등 여러 해결되지 않은 소문에 휩싸여 있다.

필자 미상의 〈곤여만국전도(坤輿萬國全圖)〉
1708년 조선의 화원이 마테오리치가 이탈리아에서 가져온 세계지도를 고쳐 목판본으로 제작한 지도(1602년)를 모사하여 8첩 병풍으로 만든 회화 지도. 이 지도는 전 세계에서 두세 벌밖에 없는 희귀한 것이다. (서울대학교 박물관 소장)

Chapter 06 _ 중세, 근세 대항해 시대의 지도 역사

곤여만국전도(坤輿萬國全圖)
1602년 중국에 건너온 마테오리치에 의해 그려진 세계지도로서 중국이 세계지도의 중심에 오도록 그린 것이 특징이다. 〈곤여만국전도〉는 마테오리치가 이탈리아에서 가져온 세계지도를 중국을 중심으로 고치고 지명을 한문으로 고쳐 목판본으로 제작한 지도이다.

은 당시 중국이 세계의 중심이라는 중화사상을 마테오리치가 감히 어길 수 없었기에 고육지책으로 생각해 낸 것이라 전해지고 있다. 이처럼 세계지도의 제작에는 어쩔 수 없이 정치 권력의 힘도 작용하게 된다.

동아시아의 지도를 더욱 발달시킨 지도학자들

17세기까지 우리나라는 세계지도 속에서 오이 모양의 섬나라로 표현되고 있었다. 그것은 1595년 제작된 테이세이라-오르텔리우스의 일본 열도 지도(Iaponiae Insulae Descriptio) 때문이었다. 이 지도는 당시 스페인 왕실의 지도제작자였던 예수회 신부 테이세이라와 네덜란드의 지도제작자였던 오르텔리우스가 합작하여 만들어 낸 지도인데, 이들은 당시 일본 선교사들의 이야기만 듣고 지도를 제작해 이런 오류를 범했던 것이다.

그러나 이렇게 알려진 우리나라에 대한 정보는 이후 서구의 지도제작자들에게 지대한 영향을 끼쳤다. 결국 이후 만들어진 세계지도에서 우리나라는 계속 오이 모양의 섬나라를 면치 못하고 있었다.

그러나 17세기 혼디우스의 등장으로 새로운 전환점을 맞이한다. 사실 혼디우스 역시 이전 지도 제작들의 견해를 받아들여 줄곧 우리나라를 섬나라로 표현하곤 했는데 1633년에 네덜란드의 암스테르담에서 출간된 〈메르카토르-혼디우스의 중국 지도〉에서 변화를 보인 것이다. 즉 우리나라를 어정쩡한 반도국으로 표현했다. 이는 마테오리치의 주장

테이세이라-오르텔리우스의 일본 열도 지도(위)
테이세이라와 오르텔리우스가 합작하여 만들어 낸 일본 지도로 현재의 일본과는 많은 차이를 보인다.

혼디우스의 지도(가운데)
혼디우스가 1633년 제작한 지도로 비록 불완전하긴 하지만 우리나라가 섬이 아닌 반도로 표현되었다는 점에서 의의가 크다.

블라외 지도(아래)
1655년 블라외가 표현한 한반도와 일본 열도의 모습으로 비록 불완전하긴 하지만 한반도를 반도국으로 표현하였고 일본 열도도 현재에 가까워지고 있다.

을 일부 받아들이면서 일어난 작은 변화였던 것으로 보인다.

이후 네덜란드 동인도 회사의 공식 지도제작자로 선정된 블라외는 1635년 〈신세계지도총람, 207개의 각 지역의 지도와 세계지도를 포함〉을 펴내어 당시 최고의 지도제작자로 떠오르게 된다. 이때 블라외에 의해 그려진 지도에서 비로소 우리나라가 반도로 표현되고 있음을 보여 준다.

조선인이 그려 낸 세계지도가 있었다

서구인들에 의해 한반도의 지도 모습이 휘둘리고 있을 때 우리나라는 무엇을 하고 있었을까?

당시 우리나라는 조선시대로 접어들어 역사상 최고의 왕으로 꼽히는 세종대왕 시대를 맞이하고 있었다. 세종대왕은 우리나라의 문화를 세종대왕 이전과 이후로 나누어 놓을 만큼 획기적인 발달을 이룬 주역이다. 따라서 지도제작술 역시 이 시기를 기준으로 발달을 시작했다고 해야 할 것이다. 실제 세종대왕은 집현전 학자들에게 지리지 편찬과 지도 작성을 명하였다고 한다. 그리하여 거의 10여 년 만인 1455년(세조 1년)에 완성된 지도가 정척(鄭陟)과 양성지(梁誠之)에 의해 만들어진 〈동국지도(東國地圖)〉이다. 〈동국지도〉는 우리나라 지도로 이후에 제작된 목판본 지도인 〈팔도총도(八道總圖)〉나 〈도별분도(道別分圖)〉보다 더 뛰어난 지도였을 것으로 평가하지만 원도는 전하지 않는다.

한편 1402년에는 당시의 세계지도를 바탕으로 조선의 세계지도가 그려졌는데 그것이 바로 〈혼일강리역대국도지도(混一疆理歷代國都之圖)〉이다. 이

지도는 비록 화이관(華夷觀)에 입각하여 제작한 중국의 〈성교광피도〉와 〈혼일강리도〉를 바탕으로 일본을 부정확하게 묘사하여 그린 것이긴 하지만 이 시기에 조선인의 힘으로 이런 세계지도를 그렸다는 것은 놀랍다. 이 지도는 17세기 마테오리치의 〈곤여만국전도(坤輿萬國全圖)〉가 들어올 때까지 우리나라뿐만 아니라 동아시아 전체에 커다란 영향을 주었던 것으로 알려져 있다.

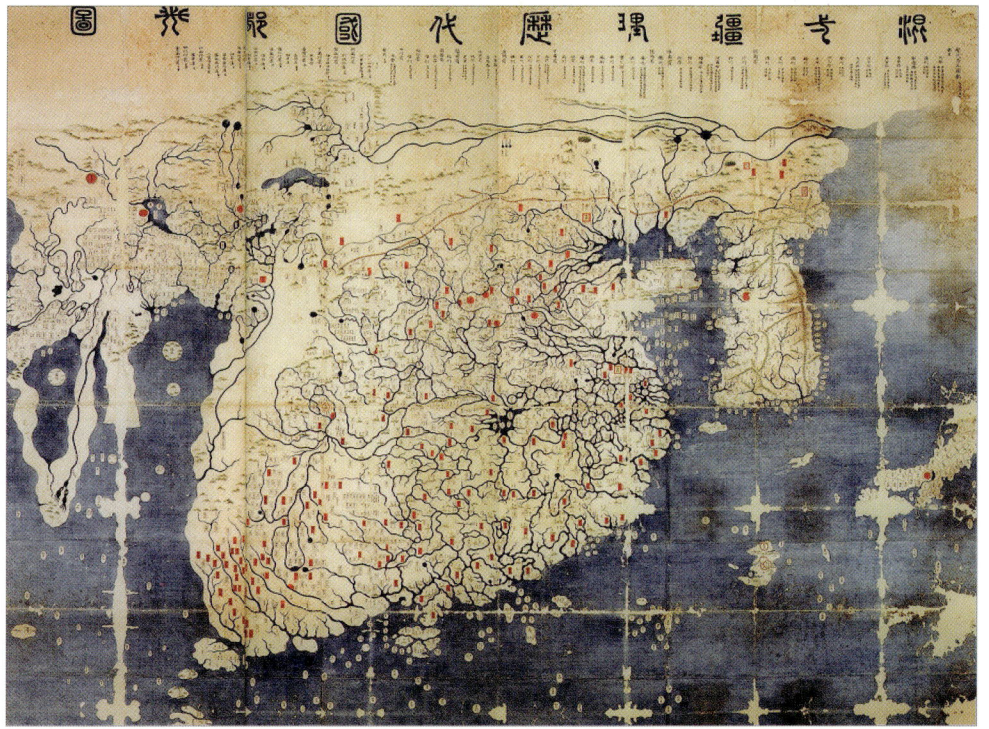

혼일강리역대국도지도
1402년 권근, 김사형, 이무, 이회가 만든 세계지도. 〈혼일강리역대국도지도〉는 중국 원나라에서 들어온 〈성교광피도(聲敎廣被圖)〉와 〈혼일강리도〉를 기본으로 조선 지도와 일본의 지도를 결합하여 제작하였다. 중국을 중심으로 동쪽에는 조선과 일본을, 서쪽에는 아라비아, 유럽, 아프리카를 배치하고 각 나라의 역대 도읍지를 같이 그려 넣었다. 조선을 다른 나라보다 크게 그려 넣은 것에서 자국에 대한 자부심을 엿볼 수 있다.

chapter 07

세계 탐험,
제국주의
시대의
지도 역사

The Story of the World Map and Geography

근대 지도 제작의 주도권을 쥐는 프랑스

세계지도가 본격적으로 발달하기 시작했던 대항해 시대, 지도학을 주도한 나라는 단연 네덜란드였다. 메르카토르, 플란치오, 혼디우스, 블라외 등 세계지도사에 굵직굵직한 증거물을 남겼던 인물들이 모두 네덜란드 출신인 것만 봐도 짐작할 수 있다. 그러나 네덜란드 지도 제작의 황금시대는 프레데릭 드위트(Frederick de Wit)를 끝으로 허물어지고 말았다. 판화가였던 드위트는 대중적이고 다양한 지도를 남김으로써 네덜란드 지도 제작의 마지막 번성기를 상징하는 인물로 남아 있다.

이제 17세기 말에 들어서면서 지도학의 주도권이 네덜란드에서 프랑스로 넘어가게 된다. 그것은 이 시기 프랑스가 유럽의 강국으로 부상했기 때문이었다. 이후 지도 제작은 프랑스 학술원을 중심으로 발달하였는데, 최고의 업적은 지구의 극반경이 적도반경보다 짧은 타원체(楕圓體)라는 사실을 밝혀낸 것과 삼각측량과 수준측량에 의한 프랑스의 대축척 지도를 제작했다는 것이다. 당시의 기술로 지구 타원체를 밝힌 것은 놀랍다 하

삼각측량
넓은 지역을 측량할 때 가장 높은 정밀도를 얻을 수 있는 지상측량법으로 수학의 삼각법 이론에 의하여 넓은 지역을 적당한 크기의 삼각형으로 나누어 측량한다. 한 변 또는 몇 개의 변의 길이를 측량하여 기준점을 정하고 각 삼각점의 위치를 정해 측량한다.

수준측량
고저측량이라고 하는 수준측량은 기준면으로부터 구하고자 하는 점의 높이를 측정하거나 두 지점 사이의 상대적인 고저차를 구하는 측량 기술이다.

1662년 프레데릭 드위트가 제작한 세계지도
네덜란드 역사의 황금시대라 일컬어지던 때(1584~1702)에 제작된 프레데릭 드위트의 지도. 지도 여백을 신화 속 장면으로 장식하여 세계지도를 하나의 미술작품처럼 표현해 냈다.

지 않을 수 없는데 이는 J. 해리슨이 크로노미터(Chronometer, 천문과 항해용 정밀 시계)를 발명한 덕분이라고 할 수 있다. 크로노미터는 배에서 사용하는 정밀한 시계의 일종으로 이를 이용하면 경도를 정확히 측정할 수 있다. 이에 적도와 고위도 지방을 잇는 경도선을 연구하다가 이러한 사실을 발견하게 된 것이다. 또 삼각측량과 수준측량의 발달은 지도에 땅의 높고 낮음까지 표시할 수 있게 해 주었다. 지도에 고저를 표현하는 방법으로 등고선식 표현법이 사용되었는데 처음에는 선박 항해를 위한 수심을 표현하기 위해 사용되다가 18세기 말부터 육지 지도에도 사용되었다.

북아메리카를 정확히 묘사한 프랑스 지도 제작의 아버지, 니콜라 상송

이제 강국으로 부상한 프랑스는 국왕의 강력한 지원 아래 지도 제작이 이루어지기 시작했다. 그러한 지도제작자 중 가장 이름을 드높인 사람은 '프랑스 지도 제작의 아버지'로 불리는 니콜라 상송(Nicolas Sanson)이다.

그는 루이 13세와의 친분을 바탕으로 '왕의 지도 제작자'로 임명되기에 이른다. 이후 루이 13세의 아들 루이 14세에게 지리학을 가르치며 약 300장의 지도를 그렸는데, 거기에는 프랑스는 물론 영국, 아프리카, 북아메리카의 지도까지 포함되어 있었다. 그 중 후대에 가장 커다란 영향을 중 작품이 바로 북아메리카의 지도이다.

당시 드샹플랭이라는 사람이 '프랑스의 북아메리카 식민지'를 묘사한 지도가 이미 그려져 있었다. 니콜라 상송은 이것과 예수회 선교사들이 들려주는 지리적 정보를 바탕으로 자신의 최고 작품을 완성해 낸 것이다. 니콜라의 북아메리카 지도가 대단한 것으로 평가받는 이유는 최초로 5대호를 모두 담았으며, 위도는 직선으로 경도는 구부러진 선으로 표시하는 등 과학적인 정확성을 바탕으로 제작되었다는 데 있었다. 하

니콜라 상송의 북아메리카 지도
1666년 이탈리아어로 만든 북아메리카 지도로 니콜라 상송의 마지막 지도이다. 니콜라의 지도는 당시에는 북아메리카를 비교적 정확하게 그린 지도였다고 한다. 비록 5대호를 다 그려 넣었다고 하나 모양이 많이 왜곡되고, 캘리포니아가 섬으로 표시된 큰 오류를 갖고 있는 지도이다.

지만 니콜라의 지도를 실제로 보게 되면 이상한 부분이 한눈에 들어오게 된다. 그것은 북아메리카의 서부에 웬 커다란 섬이 하나 그려져 있다는 점이다. 사실 그것은 현재의 캘리포니아를 나타낸 것으로, 니콜라가 이러한 실수를 하게 된 것은 아마도 실제 탐사에 의해 지도를 만든 것이 아니라 이전에 들었던 소문만으로 지도를 제작했기 때문일 것이다. 실제 당시 캘리포니아는 섬이라는 소문이 오랫동안 이어져 오고 있었다고 하니 이해할 만도 하다.

18세기 세계지도의 최고 문제아, 태평양

고대 프톨레마이오스 세계지도의 재발견으로 시작된 지도학의 발전은 16~17세기를 지나면서 비약적인 발전을 이루었다. 이제 세계인들은 대략의 지구 모습을 그릴 수 있게 된 것이다. 이는 실로 인류가 이뤄 낸 큰 성과가 아닐 수 없었다. 하지만 아직 큰 문제가 남아 있었다. 그것은 태평양에 대한 문제였다. 태평양에 있던 여러 섬들에 대한 정보는 물론 태평양 자체의 크기에도 상

태평양 첫 전용 지도
1589년 오르텔리우스가 그린 태평양 지도에는 북아메리카, 일본, 뉴기니의 해안 모습이 묘사되어 있다. 호겐버그(Hogenberg)의 지도를 기본으로 제작된 지도이다.

당한 오류가 있었다. 따라서 당시 세계지도만 철석같이 믿고 태평양을 탐험하던 배들은 갖가지 난관에 봉착해야 했다. 이는 초기 태평양을 항해하며 지식을 전했던 사람들의 판단 오류가 후대에 그대로 전해졌기 때문에 생긴 문제이기도 했다.

태평양에 대한 지식이 여전히 부족했던 유럽인들은, 그러나 하나 둘 더해지는 정보를 바탕으로 태평양에 대한 지식을 쌓아 갈 수 있었다. 영국의 해적이었던 윌리엄 댐피어(William Dampier)는 1699년 오스트레일리아 해안과 뉴기

샤틀렌(CHATELAIN, Henri Abraham)의 태평양 지도(1919)
대서양과 태평양을 하나의 지도 안에서 보여 주는 아름다운 지도로 아메리카에 초점이 맞춰져 있다. 캘리포니아가 큰 섬으로, 동남아시아 섬들이 세세하게 그려져 있는데 섬은 대개 상상에 의해 그려졌다. 신세계에 관련된 삽화들이 인상적이다.

베링 해협
유라시아 대륙의 동쪽과 북아메리카 대륙의 서쪽을 잇는 해협으로 이를 발견한 비투스 베링의 이름을 따 명칭이 탄생하였다.

니 섬 일부를 탐험하여 얻은 지식을 바탕으로 〈새로운 세계일주 여행〉이라는 책을 펴내었다. 이 책은 남반구에 대한 새로운 지리적 지식을 전했다는 데 중요한 의의가 있다. 또한 1728년에는 덴마크의 비투스 베링(B. Bering)이 유라시아 대륙의 동쪽과 북아메리카 대륙의 서쪽을 잇는 해협을 발견하는 성과를 거둔다. 이것이 바로 훗날 베링 해협(Bering Str)이라 불리는 아시아와 알래스카 사이에 있는 해협이다.

1760년대에 들어서면서 이제 세계인의 태평양에 대한 지식은 급속도로 발전하기 시작한다. 또한 크로노미터의 발명과 위도와 경도를 더욱 정확히 재는 방법의 발전은 태평양을 재발견하는 데 도화선이 되었다. 결국 이를 바탕으로 그동안 잘못 알려졌던 태평양에 대한 지식은 점차 수정되었다.

인도의 지도가 그려지기까지……

18~19세기 해가 지지 않는 나라로 불렸던 영국이 인도를 삼켰을 때 가장 난관에 부딪친 것은 무엇이었을까? 그것은 다름 아닌 드넓은 인도 땅을 제대로 이해할 수 있는 정확한 지도가 없다는 점이었다. 광활한 인도를 효과적으로 다스리기 위하여 정확한 지도가 있어야 함은 두말할 나위 없다. 결국 영국 자체적으로 인도의 지도를 제작하기로 결정했다.

영국의 동인도회사(영국이 인도의 무역독점권을 부여받아 설립한 회사)는 지도제작자 제임스 리넬(James Rennel)에게 첫 임무를 맡겼다. 리넬은 인도 지도 제작을 시작한 지 거의 20년이나 지난 후인 1782년이 되어서야 인도 전체를 나타낸 〈힌두스탄 지도(Maps of Hindoostan)〉를 완성해 낼 수 있었다.

이후 좀 더 정확한 인도 지도의 필요성을 절감하고 영국의 장교였던 램턴(Lambton)이 나섰다. 그는 고도의 측량 기술을 가진 기술자였으며 수년간 고생하며 인도 대륙의 정밀한 측량을 계속했다. 그리고 그의 임무는 후임자인 조지 에버리스트(George Everest)에게로 이어졌다. 에버리스트는 서쪽으로 이란과 아프가니스탄 국경선과 해안선부터 동쪽으로 미얀마까지 또 북쪽으로 히말라야 산맥을 측량하고 각 봉우리의 높이를 재기까지 했

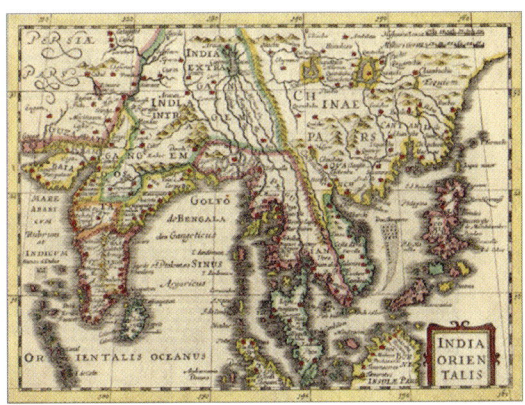

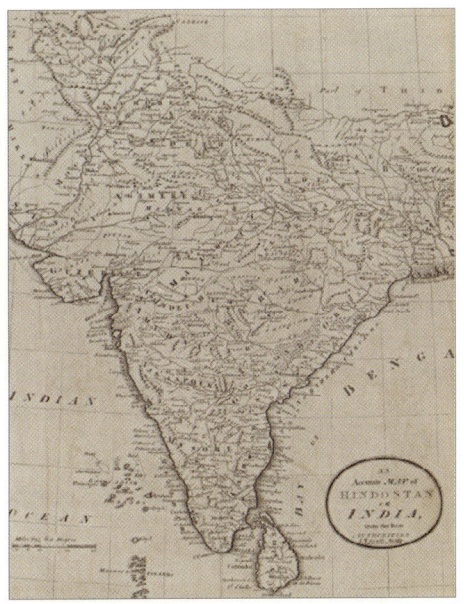

카에리우스가 1632년 출간한 인도 지도(위, 왼쪽)
1800년경에 제작된 지도. 힌두스탄이란 이름이 붙어 있다(위, 오른쪽).
1857년 제작한 인도 지도(아래)
인도 남부부터 북부 히말라야까지 전체 지리를 알 수 있다.

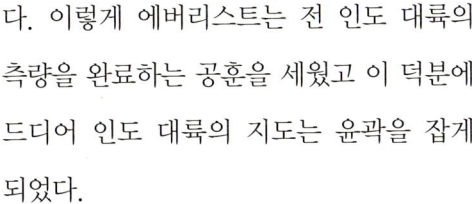

다. 이렇게 에버리스트는 전 인도 대륙의 측량을 완료하는 공훈을 세웠고 이 덕분에 드디어 인도 대륙의 지도는 윤곽을 잡게 되었다.

에버리스트가 퇴임한 지 12년이 지난 1855년 그의 후임자였던 앤드루 워는 히말라야 산맥의 측량을 계속하던 중 세계 최고봉을 발견하기에 이른다. 그런데 그 산을 최초로 발견한 사람은 그의 전임자였던 에버리스트였다. 세계에서 가장 높은 산 에베레스트의 이름은 이렇게 탄생하게 된 것이다.

드디어 세계지도에 포함되는 오스트레일리아

18세기의 남태평양
프란츠 요안나 조세프 본 레일리(Franz Johhan Joseph von Reilly)가 1795년 만든 지도로 오스트레일리아, 이스터 섬, 하와이, 필리핀을 담고 있다. 바이런, 쿡, 윌리스 같은 수많은 탐험가들의 발길을 남태평양으로 이끈 지도로 스웨덴어로 만들어져 있다. 지도에는 오스트레일리아가 'Ulimaroa'(뉴질랜드 마오리족의 말로 '북쪽에 있는 장소'라는 뜻)로 표기되어 있다.

새뮤얼 버틀러(Samuel Butler)의 지도
1820년 영국에서 제작한 지도로 오스트레일리아와 인접한 섬들을 그려 넣었다.

18세기가 끝나 갈 무렵까지 남반구의 대륙 오스트레일리아는 아직 세계지도에 포함되지 못하고 있었다. 그 전환점을 이룬 인물이 바로 유명한 영국의 탐험가 제임스 쿡(James Cook) 선장이다. 그는 1768년부터 1771년까지 제1차 태평양 항해를 하였다. 이 항해에서 뉴질랜드를 발견하였고 다음으로 오스트레일리아 대륙을 탐험하였다. 이렇게 하여 유럽인들이 늘 궁금해 하던 남반구에 있는 대륙의 실체를 세상에 드러내게 된 것이다.

이후 오스트레일리아의 지도는 플린더스(Matthew Flinders)라는 인물에 의해 완성된다. 플린더스는 온갖 고생 속에서 오스트레일리아 항해를 마치고 1810년 병든 몸으로 영국으로 돌아와 10여 년간의 항해 경험을 2권의 책으로 출간했다. 그 책에 오스트레일리아 지도가 들어 있었으며, 처음으로 오스트레일리아라는 이름이 사용되었다.

윌리엄 댐피어에 의해 처음 탐험의 대상이 된 오스트레일리아는 이후 쿡 선장과 플린더스의 노력으로 이렇게 세계지도에 당당히 모습을 드러내게 되었다.

점점 과학적인 모습으로 변해 가는 한반도 지도

그렇다면 서구 지도의 발전 역사에서 중국과 우리나라의 지도는 어떻게 변모하여 지금에 이르렀을까?

서구에서 시작된 세계 탐험의 물결은 이미 16세기 초부터 동아시아로 밀어닥쳤다. 동아시아에 진출한 여러 서구 열강 중 특히 지도 제작에 뛰어났던 프랑스는 동아시아의 지도학 발전에 커다란 역할을 하게 된다. 이는 지도 제작을 적극 지원했던 프랑스의 국왕 태양왕 루이 14세와 지리학에 관심이 많았던 청나라 강희제(康熙帝)의 뒷받침이 있었기 때문에 가능했다. 이와 같은 전폭적인 지원을 등에 업은 지도학자들은 정밀 지도 제작을 위한 대대적인 측량 사업을 통하여 동아시아의 과학적 지리 정보를 얻어 냈다. 이때 조선에 대한 측량도 이루어졌던 것으로 알려져 있다.

이렇게 하여 1차적으로 만들어진 것이 1717년에 완성된 〈황여전람도〉이다. 그 후 당시 프랑스 최고의 지도제작자로 이름 높았던 장 바티스트 부르기뇽 당빌(Jean Baptiste Bourguignon d'Anville)이 가세하면서 동아시아 지도 제

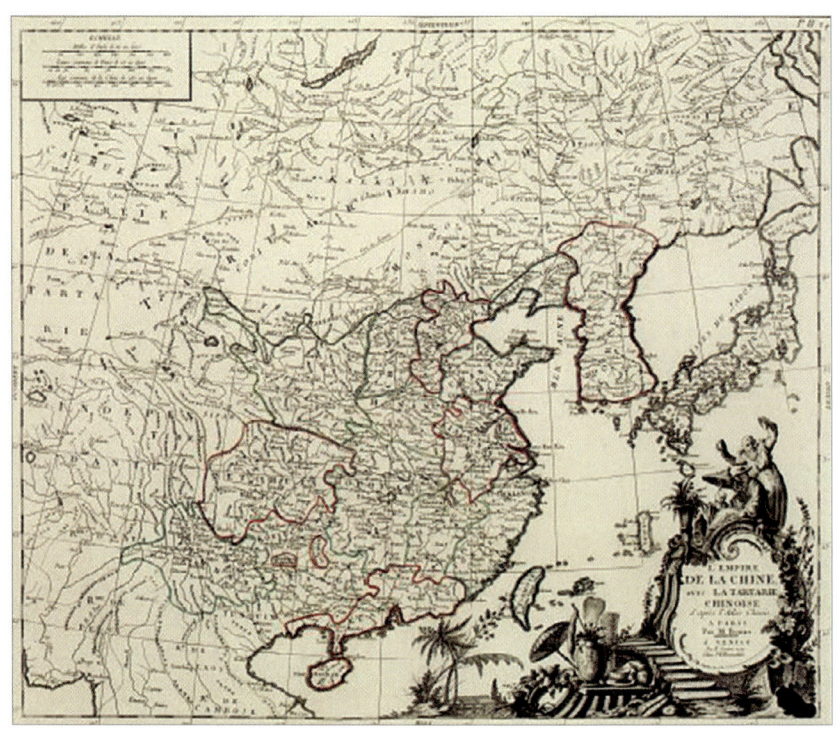

〈신중국지도총람〉에 나와 있는 중국과 조선
프랑스의 지도제작자였던 당빌이 1737년 완성한 동아시아 지도로서 중국과 한반도의 모습이 비교적 실제와 비슷하게 그려져있다.

작은 날개를 달게 된다. 그는 〈황여전람도〉를 참고하여 1737년 새로운 동아시아 지도인 〈신중국지도총람〉을 완성하기에 이른다. 당빌의 〈신중국지도총람〉에는 한반도도 묘사되어 있다. 조금 엉성하긴 하지만 지금의 한반도 모습과 매우 닮아 있다. 무엇보다 이 지도가 의미 있는 것은 세계지도 제작 역사에서 최초로 조선이라는 이름이 사용되었으며 단일 독립국가로 인정되었다는 점이다. 이전까지 한반도는 세계지도에서 '조선'이라 불리지 못한 채 소외되고 있었던 것이다.

우리 힘으로 일궈 낸 조선의 세계지도

앞에서도 이야기했듯이 마테오리치가 만든 〈곤여만국전도〉는 동아시아 세계지도에 지대한 영향을 끼치게 된다. 우리나라에도 이 〈곤여만국전도〉가 1603년(선조 36년) 도입되면서 세계관에 대한 새로운 인식들이 생겨나게 되었다. 그리고 생겨난 각종 세계지도를 바탕으로 서구 지도를

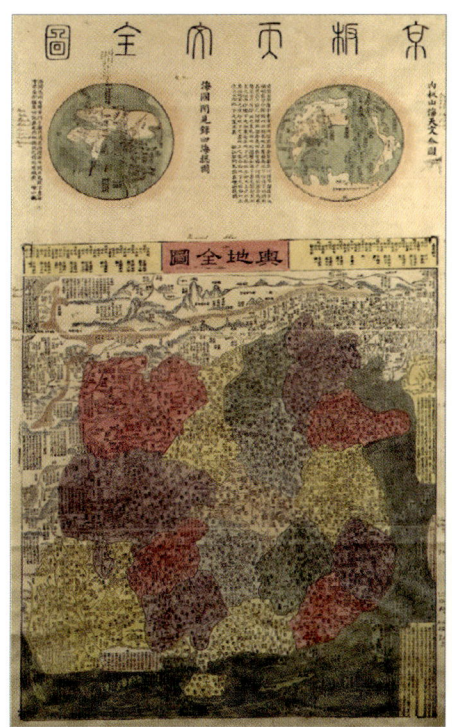 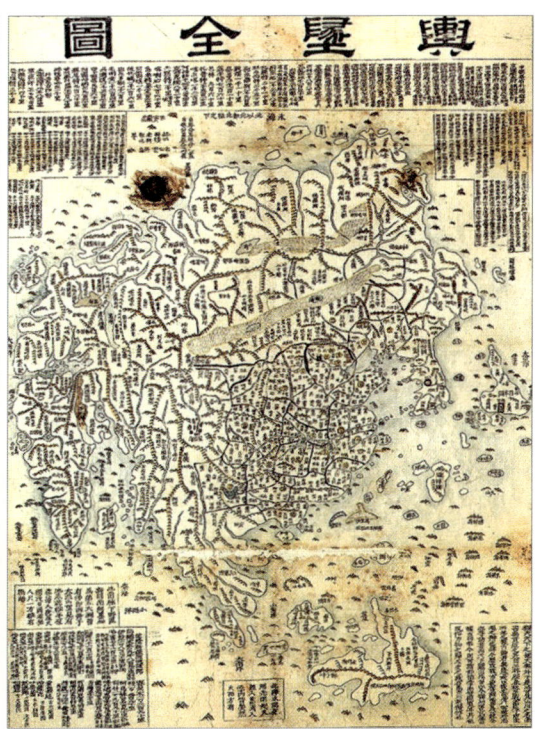

중국의 〈여지전도〉(왼쪽)
지도의 주요 부분은 중국 17개 지역의 이름과 강, 산을 간단한 그림 기호를 사용해 표시하였다. 만리장성과 고비 사막까지 표현되었다. 유럽과 아프리카, 아메리카, 남극은 상단 두 반구에 묘사되어 있다. 상단에 윈난 지방에서 일어난 반란이 기록된 것으로 보아 청나라 때 제작되었을 것으로 추정한다.

19세기의 〈여지전도〉(오른쪽)
중국을 중심에 배치하고 주변의 유럽·아프리카 대륙은 축소하여 나타내었으며 신대륙은 포함하지 않고 있는 것이 특징이다. 이러한 모습은 이 지도가 전통적인 중화적 세계관을 고수하여 제작된 것이라는 점을 일깨운다. 김정호가 만들었다는 설이 있으나 정확하지 않다.

그대로 베낀 것이 아닌 우리 나름대로 지식을 삽입하여 만들어 낸 세계지도가 탄생하게 되었으니 바로 〈여지전도(輿地全圖)〉이다. 이것은 〈혼일강리역대국도지도〉와 중국의 세계지도 등의 지식을 바탕으로 만들어 낸 세계지도로 아시아·유럽·아프리카를 아우르고 있다는 점에서 의의가 있다.

또 다른 조선 후기의 세계지도로 1834년 최한기(崔漢綺)와 김정호가 공동으로 제작한 〈지구전후도(地球前後圖)〉가 있는데 이 역시 〈여지전도〉와 비슷한 모양새를 갖추고 있다.

한편 〈여지전도〉가 만들어지기 이전인 17세기에 조선의 천하 지도로 〈산해여지전도(山海輿地全圖)〉가 만들어진 적이 있었다. 그런데 이 세계지도는 아메리카가 묘사되었다는 점에서 대단하다 할 수 있으나 우리나라가 중국의 중심에 표시되는 등 나머지 부분의 묘사가 너무 부정확하다는 문제점이 있었다.

우리나라 전도도 획기적인 발전을 이루다

'조선시대 지도' 하면 〈대동여지도〉를 떠올릴 만큼 김정호가 우리나라 지도에 끼친 영향은 크다. 그런데 〈대동여지도〉의 출현에는 영조 때 정상기가 제작한 〈동국지도〉의 영향을 빼놓을 수 없다. 정상기는 〈동국지도〉에 처음으로 축적을 표시함으로써 '대축척 지도'의 시대를 열게 되었다. 이후 대축척 지도가 발달하면서 드디어 조선 전도를 나타낸 김정호의 〈대동여지도〉가 탄생할 수 있었던 것이다.

김정호는 〈대동여지도〉를 만들기 전인 1834년(순조 34년)에 이미 조선 전도인 〈청구도〉를 완성하였다. 그리고 이 〈청구도〉를 바탕으로 1861년(철종 12년)에 시대의 걸작인 〈대동여지도〉를 탄생시켰다.

한편 〈대동여지도〉가 나타나기 이전에도 널리 보급된 조선 전도가 있었으니 1820년대에 만들어진 〈해좌전도(海左全圖)〉가 그것이다. 이는 〈동국지도〉를 바탕으로 그린 지도로 〈대동여지도〉와 〈동국지도〉의 중간 정도에 해당하는 수준으로 작업되었다고 평가된다.

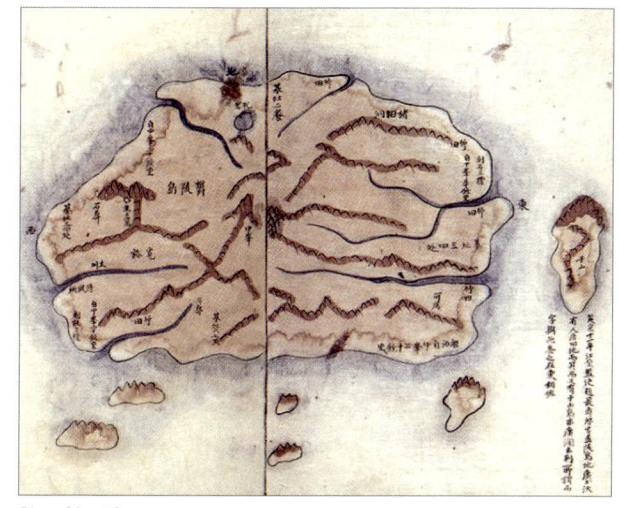

청구도(靑邱圖)
〈청구도〉는 〈대동여지도〉 제작 이전 김정호가 1834년에 만든 지도. 오른쪽에 독도가 선명하게 보인다.

일본인들이 그려 낸 세계지도가 있었다

일본은 우리나라보다 훨씬 이른 1570년 무렵에 남쪽의 항구 나가사키를 개방시켰다. 이에 포르투갈, 네덜란드, 영국 등의 서구 강대국들이 물결처럼 밀려들어 왔다. 일본은 서구의 발달된 문물에 감탄했으며 무엇보다 놀란 것은 세계지도였다. 당시까지 일본인들은 세계가 일본, 중국, 인도 정도로 이루어져 있는 줄 알았다. 그런데 세계지도에 펼쳐진 세상의 모습은 일본인들의 가슴을 설레게 하기에 충분했다.

이에 서구의 예수회 수사들은 일본인들에게 있어서는 새로운 기술인 지도제작법을 전하려 애를 썼으며 일본 자체적으로도 지도제작자들이 나타나기 시작했다. 그렇게 하여 1645년 최신식 일본 세계지도인 〈곤여만국전도〉가 만들어졌다. 이는 마테오리치의 〈곤여만국전도〉를 바탕으로 완성된 것이었다.

이후 1792년 에도시대의 화가였던 시바 고칸(司馬江漢, 1747~1818)에 의해 유명한 일본의 세계지도인 〈지구전도〉가 완성되기에 이른다. 시바 고칸은 에도에서 태어난 일본인으로 그림에 소질을 보여 화가가 된다. 훗날 그는 서양화에까지 관심을 가지게 되는데 이때 네덜란드의 암스테르담 인쇄소에서 발행한 세계지도를 보고 그것을 그려야겠다는 생각을 하게 된다. 그리하여 탄생한 것이 〈지구전도〉이다. 비록 모방에 의해 재탄생한 세계지도이지만 고칸의 〈지구전도〉는 이후 일본의 세계지도 발전에 크게 기여하게 된다.

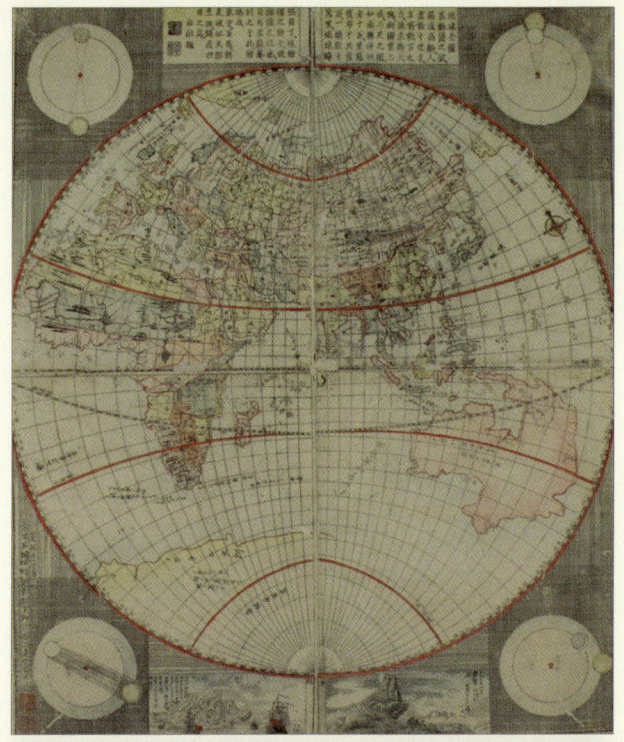

지구전도(地球全圖)
1792년 시바 고칸이 일본 나가사키에서 완성한 지도첩으로 네덜란드의 암스테르담에서 발행했던 세계지도를 복제한 것이다.

chapter 08

권력에 얽힌
근대와
현대로
이어지는
지도 역사

The Story of the World Map and Geography

북아메리카를 놓고 벌어진 열강의 지도 전쟁

지도를 그릴 때, 누구나 정확하게 그리는 것이 최우선이라 생각한다. 그러나 세계지도와 같이 여러 나라가 동시에 포함된 지도를 그릴 때에는 이 외에 또 다른 요소가 개입하게 마련이다. 가장 문제되는 것은 국경선. 지도에 어떻게 표시하느냐에 따라 국경선이 달라지고 그 나라의 면적이 좌우되니 실로 중요하지 않을 수 없다. 따라서 나라마다 그리는 지도가 조금씩 차이 나게 마련이다. 즉 이는 정치 권력의 압력을 받은 지도제작자가 자국에 유리한 지도를 그리게 된다는 뜻이다.

북아메리카가 영국, 프랑스 등 서구 열강들에 의해 완전히 산산조각 났을 때 각 열강들은 식민지의 국경선을 놓고 티격태격하고 있었다. 지금처럼 위성으로 한눈에 볼 수 있는 시대가 아니었으니 아무래도 지도에 의지할 수밖에 없었기 때문에 이때의 지도 제작은 매우 중요한 의미를 지니고 있었다.

문제의 촉발은 먼저 프랑스에서 시작되었다. 기욤 들리즐(Guillaume de Lisle)이라는 당대 최고의 지도제작자에게 북아메리카의 지도를 그리게 한 것이다. 이에 들리즐은 여느 지도제작자와 달리 자신이 직접 찾아다니며

Chapter 08 _ 권력에 얽힌 근대와 현대로 이어지는 지도 역사 • 139

프레데릭 드 위트가 그린 아메리카(위)
1670년 제작한 지도로 캘리포니아가 섬으로 표시되었다. 1700년대 초기까지 세계 지도에서 캘리포니아는 대개 섬으로 그려진다.

기욤 들리즐의 아메리카 지도(아래)
1722년 기욤 들리즐이 그린 아메리카 지도로 캘리포니아가 반도로 그려진 것을 볼 수 있다.

이전까지 불투명했던 북아메리카의 지도를 완성하기에 이른다. 이것은 캘리포니아를 대륙에 포함시키고 텍사스라는 지명을 처음으로 표시한 최초의 지도이자 당대 최고의 북아메리카 지도였다. 얼마나 정확했으면 이후 50년 동안이나 북아메리카 지도 제작의 표준이 될 정도였다.

하지만 들리즐의 지도는 영국의 식민지를 줄여서 표시했으며 심지어 스페인의 식민지는 일부러 표시하지 않기까지 했다. 실수로 그랬던 것일까?

그것은 전혀 그렇지 않다. 이것이야말로 지도에 정치 권력이 개입된 대표적인 예라 할 수 있는 것이다. 영국과 스페인이 발끈하지 않을 수 없었을 것이다.

영국이 그린 북아메리카 지도

들리즐이 그린 북아메리카의 지도가 상당한 영향력을 끼치자 영국에서도 자국에 유리한 북아메리카 지도가 절실해졌다. 이에 영국의 지도제작자 퍼플(Henry Popple)이 나서서 〈북아메리카의 대영 제국 지도(1733)〉를 만들었다. 이 역시 정확도 면에서 훌륭한 지도이긴 했으나 들리즐 못지않은 논쟁이 들끓어 최고집행위원회의 거부를 받기에 이른다.

이에 1755년 영국의 '갈리주의 반대파협회'가 새로운 북아메리카 지도를 만들어 낸다. 지도 이름은 〈북아메리카와 대영 제국을 그린 새롭고 정확한 지도〉이다. 그런데 이 지도를 자세히 보면 영국 영토에 해당하는 부분은 화려한 색채를 넣어 분명히 표시한 반면, 프랑스 영토에 해당하는 부분은 색도 표시하지 않았을 뿐만 아니라 '프랑스의 침략지'라고 표기하는 등 누가 봐도 상대를 비하하고 비위를 거슬리는 모양새를 나타내고 있다. 게다가 프랑스 소유의 영토에 대해서도 영국이 권리를 주장하고 있다. 이에 프랑스가 가만히 있을 리 없었다. 이 분쟁은 '지도 전쟁'이라는 이름으로 영국과 프랑스를 긴장 상태로 몰아넣었다.

아프리카 지도의 국경선 쟁탈전

열강들이 신대륙을 발견하고 이를 식민화하고 있는 동안 아프리카는 어떻게 되었을까?

아프리카 역시 열강들이 호시탐탐 노리는 대상임에는 분명했으나 식민

영국에서 제작한 19세기의 세계지도
1886년 영국의 일러스트 작가 월터 크레인이 그린 세계지도로 대영 제국의 범위를 빨강으로 표시하였다. 영국의 점유지를 빨강으로 표시한 지도는 1831년 출간한 〈새 영국 지도첩〉에서부터 시작됐다. 정치적인 의도를 담은 아름다운 세계지도이다.

16세기에 제작한 아프리카 지도(왼쪽)
1581년 발행한 아프리카 목판본 지도. 아프리카 대륙의 젖줄로 나일강을 표현한 특징적인 모습을 볼 수 있다.

메르카토르-혼디우스의 아프리카 지도(오른쪽)
1630년 네덜란드 암스테르담에서 발행한 아프리카 지도. 프톨레마이오스식 기법을 바탕으로 한 지도는 나일강과 남아프리카를 가로지르는 호수를 담고 있다.

유럽 식민지를 표시한 아프리카 지도(왼쪽)
1884년에 제작된 지도로 영국, 프랑스, 스페인, 포르투갈, 이탈리아, 독일이 점령한 지역을 색채로 표시하여 나타냈다.

2005년 아프리카 지도(오른쪽)
미국에서 2005년 제작, 발표한 아프리카 지도이다. 지형을 따라 이루어진 국경선과는 달리 아프리카 대륙은 구획을 나누는 듯한 직선으로 국경선이 이루어져 있다.

화의 움직임은 생각보다 빠르게 진행되지 않고 있었다. 그것은 19세기 말이 될 때까지 아프리카의 약 80%가 독립적으로 통치되고 있었다는 것으로 쉽게 알 수 있다. 이는 아마도 서구 열강들이 아프리카의 가치를 크게 인식하지 못하고 있었기 때문일 것이다.

하지만 1871년 트란스발에서 다이아몬드가 발견되면서 이야기가 달라졌다. 유럽 열강들은 아프리카를 점점 잠식하며 식민화하기 시작했다. 워낙 많은 나라들이 달려들었기에 국경 분쟁이 생기지 않을 수 없었다. 이에 1884년 유럽 열강은 물론 미국까지 참석한 가운데 베를린 회담이 열려 아프리카의 영토 분할 문제를 논의하게 된다. 그야말로 아프리카 쟁탈전을 평화적으로 해결하자는 취지의 회의였다. 하지만 이는 아프리카 입장에서 보면 합법적으로 아프리카의 침입을 허가해 준 것이나 다름없었다. 결국 1885년부터 아프리카에는 새로운 국경선이 만들어졌고 이 국경선을 기준으로 한 새로운 아프리카 지도가 만들어졌다.

권력 쟁탈로 변화를 거듭하는 이스라엘과 팔레스타인의 국경 지도

세계대전 이후 아직까지 전 세계 곳곳에서 국가 간 긴장과 분쟁이 끊이지 않고 있다. 그 중 하나는 바로 우리나라와 북한의 대치일 것이요, 또 하나는 이스라엘과 아랍의 대치일 것이다. 특히 이스라엘의 경우 팔레스타인과 영토 분쟁으로 언제 터질지 모르는 긴장 속에 지내고 있다. 근 2천 년간이나 외지를 떠돌다 1948년 옛 이스라엘 땅에 독립국가를 세운 이스라엘. 그러나 그 땅에는 이미 2천 년 동안이나 팔레스타인 아랍인들이 살

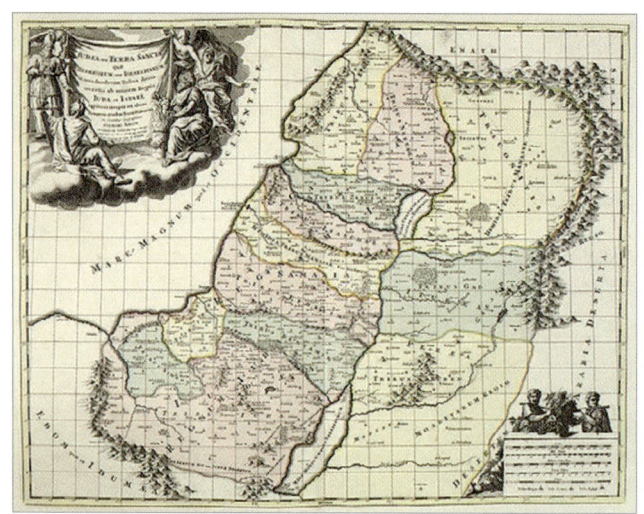

18세기에 제작된 중동 지역 지도
팔레스타인, 요르단, 가자 지구가 표시되어 있는 지도에는 이스라엘을 유다와 이스라엘 2개의 왕국으로 나누어 나타냈다. 상단을 아브라함과 이삭, 모세의 그림으로 장식했다.

고 있었다. 이들은 졸지에 자신들의 땅을 잃은 셈이니 영토 분쟁이 일어나지 않을 수 없는 상황이었다.

요즘도 TV 뉴스에 끊이지 않고 등장하는 자살 폭탄 테러가 바로 팔레스타인 인들이 이스라엘을 대상으로 벌이는 반항 공격의 일종이다.

이스라엘은 아랍 연합과의 전쟁에서 연승함으로써 더 많은 영토를 소유하게 되었고, 세계 각지에 흩어진 더 많은 유태인들을 흡수하기 위해 팔레스타인의 자치 지구였던 서안 지구와 가자 지구까지 잠식하려 들었기 때문이다.

그러나 이스라엘은 한때 팔레스타인의 저항을 이기지 못하고 가자 지구와 서안 지구를 팔레스타인 자치 정부에 넘겨주기도 했다가 다시 자치 지역들을 점령하였다. 이렇게 주도권이 바뀔 때마다 이스라엘의 지도 역시 바뀌게 마련이었다. 아마도 현대에 들어 가장 자주 지도가 바뀌는 나라가 바로 이스라엘일 것이다. 이런 지도의 변화는 곧 국가 간 권력 다툼이 그 원인으로 작용했기 때문이다.

지도의 지명 하나에도 정치 권력이 작용한다

영국이 그린 북아메리카 지도에서 프랑스 식민 지역을 '프랑스의 침략지'라고 표기했다는 일화를 소개했었다. 프랑스 입장에서 보면 속이 부글부글 끓을 만큼 화가 날 만한 일임에 분명하다. 이는 너무 치사하게 자국의 주도권을 드러낸 예이지만, 사실 현대 세계지도에서도 지명을 가지고 이에 못지않은 주도권 쟁탈전이 벌어지고 있다.

당장 우리나라와 북한, 일본을 보면 이러한 상황을 곧바로 직감할 수 있다. 우리나라가 '동해'라고 표기하는 것을 일본은 '일본해'라고 표기한다. 일본 입장에서는 자기들의 바다인데 한국 중심의 동해란 표기를 허용할 수 없을 것이다. 그러나 우리나라 입장에서 보면 우리나라의 '동해'임이 분명한데 일본 중심의 '일본해'라는 표기를 허용할 수 없는 것이다.

사실 일본이 우리나라를 지배하던 일제 강점기에는 일본해란 이름으로 지도에 표기되었다. 그러나 독립 이후 우리나라 역시 민족적 자존심이 걸린 문제이기에 다시 동해로 바꾸었으며 결코 양보할 수 없는 문

포클랜드 제도(Falkland Islands)
남아메리카 대륙 동남쪽 남대서양에 있으며 아르헨티나에서는 말비나스 제도(Islas Malvinas)라고 부른다.

제로 간주하고 있다. 이 분쟁은 결국 유엔으로까지 이어졌으며 유엔은 무승부를 선언하고 말았다. 나란히 함께 적으란 이야기다. 그래서 많은 다른 나라에서는 동해와 일본해를 병기하여 표기하고 있다고 한다.

이러한 지도의 지명 때문에 국가 간 분쟁이 일어난 곳은 의외로 많다. 영국과 프랑스가 둘 사이에 놓인 바다 이름을 놓고 분쟁을 하였으며, 그리스와 불가리아, 세르비아가 마케도니아란 국명을 놓고 분쟁을 하기도 했다. 또 영국과 아르헨티나가 포클랜드 제도의 지명을 놓고 분쟁을 했다. 왜냐하면 아르헨티나는 말비나스 제도라 불렀기 때문이다.

이러한 지명을 놓고 벌이는 분쟁은 어느 국가도 양보하기 쉽지 않을 것이다. 왜냐하면 그것은 그 국가의 자존심이 걸린 문제이기 때문이다.

우여곡절을 겪는 동해의 지명 변천사

하나의 바다가 우리나라 지도에는 '동해' 라는 지명으로 일본 지도에는 '일본해' 라는 지명으로 적혀 있다. 이 문제를 풀기 위해 많은 사람들은 역사적으로 세계지도에서 동해가 어떤 이름으로 표기되었는가 살펴보려고 한다. 과연 세계의 역사 지도에 동해는 어떤 이름으로 표기되어 있을까?

우선 동해가 서구의 세계지도에서 등장하기 시작한 것은 13세기부터이다. 1245년 몽골을 방문한 이탈리아 수도사 가르피니가 그린 세계지도인 〈빈란드〉에 '동해(Eastern Ocean)' 표기가 등장한다. 그러나 이때 우리나라는 제대로 표현되지 않은 상태였음을 알아 둘 필요가 있다. 우리나라가 반도국가로서 정식으로 표현되기 시작한 것은 17세기 이후부터이다.

17세기 이후 동해의 이름은 이곳을 찾은 사람이 누구냐에 따라 '동해', '한국해(Sea of Corea)', '동양해(Oriental Sea)', '일본해(Japan Sea)' 등으로 혼재하여 표기되기 시작한다. 그러다가 20세기 초 일본이 우리나라를 식민지화한 이후 그려진 세계지도에는 대부분 일본해로 표기된다. 이는 일본의 권력이 작용한 대표적 예라 할 수 있겠다.

한 학자가 영국 케임브리지 대학 도서관이 소장하고 있는 18세기 서양 고지도 61점을 조사한 결과 동해의 이름이 한국계 이름으로 표기된 것이 34점, 중국계 이름으로 표기된 것이 11점, 일본계 이름으로 표기된 것이 6점, 한국계·일본계를 혼용하여 표기한 것이 3점, 기타 5점으로 나타났다고 한다.

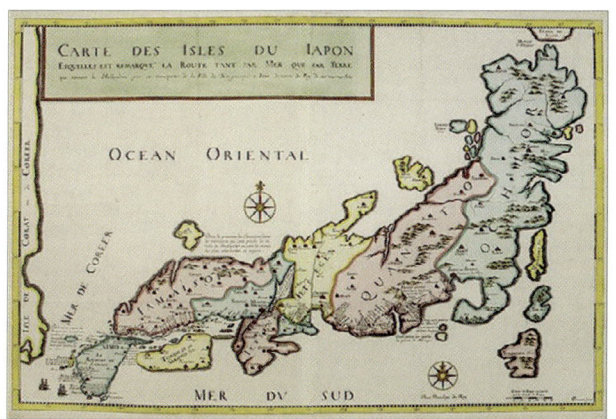

1679년 파리에서 발행된 일본 지도
일본 열도를 중심으로 제작한 지도에는 한국과 일본 사이의 바다를 'Mer de Coreer', 'Ocean Orrental' 즉 한국해, 동양해로 표기하였다.

1745년 들리즐이 제작한 인도-중국 지도
황실 아카데미의 후원을 받아 만든 이 지도에는 'Mer Orientale ou Mer de Coree' 즉 동양 또는 한국의 바다로 기록한 것을 볼 수 있다.

영국의 세넥스(John Senex)가 1720년에 제작한 아시아 지도
영어로 'Sea of Corea' 한국해를 선명하게 표기한 것을 확인할 수 있다.

이는 역사적으로 볼 때 서구인들은 우리의 손을 들어준 것이라 해석할 수 있는 대목이다. 그러나 이에 대해 일본 측은 다른 해석을 내놓고 있다. 즉 우리나라의 통계가 잘못되었다는 것이다. 동해라는 표기 외에 다른 것은 인정할 수 없다는 입장이다. 그러나 이에 대해서도 지리학자 들리즐이 '한국해', '동(양)해' 등의 표기는 모두 '동해'를 나타내는 것이라고 설명한 적이 있기 때문에 설득력이 떨어진다.

역사적으로 동해가 일본해보다 먼저 사용되었다는 것은 확실하다. 또한 동해라는 명칭은 고대로부터 만주인들이 그 바다를 동해라 불렀기 때문이라고 지도제작자들이 이유를 명확히 밝히고 있다.

반면 일본해라는 이름이 최초로 사용된 것은 1787년 동해를 탐사한 프랑스의 라 페루즈(La Perouse)라는 사람이 처음으로 '일본해'라고 표기하면서부터다. 이런 역사적 정황을 살펴봐도 이제 동해는 제 이름을 찾아야 할 때가 아닐까.

근대에서 현대로 이어지며 발달하는 지도제작술

지금까지 세계지도의 역사에 대해 살펴보았다. 그렇다면 현재의 세계지도 윤곽이 거의 완성된 시기는 언제였을까? 바다와 경계선을 이루는 대륙과 섬의 윤곽은 거의 19세기에 완성되었다고 할 수 있다. 대륙의 깊숙한 내륙에 대한 지식이 조금 부족한 상황이었지만 이 역시 수많은 탐험으로 공백이 메워졌다.

그러나 19세기에 아직 해결하지 못한 곳이 있었으니 바로 양 극지방의 지도였다. 이는 20세기에 들어서서야 비로소 탐험이 시작되었고 이 역시 인간에 의해 정복당하고 말았다. 이렇게 하여 20세기 초반이 되었을 때 전 세계의 윤곽은 거의 잡혀지게 된 것이다.

이 당시까지 사실 모든 것이 실제 관측과 측량에 의해 만들어진 지도였다. 그러나 20세기 중반으로 지나면서 인간은 고도로 발달된 항공사진 측량기술을 갖게 되었고, 20세기 후반에는 인공위성에 의한 원격탐사(Remote Sensing, 관측 대상과의 접촉 없이 멀리서 정보를 얻어냄) 기술까지 더해지게 되었다. 이제 실제 지구의 모습과 일치하는 정확한 지도를 제작할 수 있는 단계에까지 도달한 것이다. 그리고 마음만 먹으면 어떤 형태의 지도도 만들어 낼 수 있는 기술력을 갖추게 된 것이다.

 풀리지 않는 지구의 미스터리

사라진 전설의 대륙, 아틀란티스

　기원전 9600년경 이 지구상에 존재했다는 거대한 대륙 아틀란티스에 관한 이야기가 오래전부터 전해 내려오고 있다.

　이 대륙의 수도 포세이도니아는 직경 2km의 완전한 동심원 모양으로, 여러 개의 신전과 왕궁이 있었고 도시를 관통하는 항만과 수로가 잘 발달되어 있었다. 해신 포세이돈에게 바친 신전은 은으로 덮여 있었고 그 주위에는 황금으로 만든 조각상들이 줄지어 늘어서 있었다고 한다.

　아틀란티스는 군사력 또한 방대해서 선박 1,200척과 수군 24만 명을 거느렸다고 전해진다. 그런데 이처럼 발전한 대륙 아틀란티스는 화산 폭발과 해일로 24시간도 못 되어 어느 날 갑자기 바닷속으로 가라앉아 버렸다.

　아틀란티스 대륙에 관해 처음으로 기록한 사람은 플라톤이었다. 물론 플라톤이 자신이 직접 보고 쓴 것은 아니고 아테네 사람 솔론이 쓴 글을 인용했다. 솔론 역시 그가 본 것이 아니라 이집트의 한 성직자에게서 들은 이야기를 쓴 것이라고 한다.

　그렇다면 아틀란티스 대륙은 과연 실제로 존재했을까? 그랬다면 어디에 존재했을까? 수많은 사람들이 이 플라톤의 기록을 토대로 조사를 했다.

　플라톤은 자신의 책에서 '헤라클레스 기둥의 뒤편'이라고 말했는데, 이곳은 현재 대서양의 지브롤터 해협에 해당한다. 학자들은 이곳을 중심으로 대서양 일대를 샅샅이 뒤지며 전설의 아틀란티스 대륙을 찾았지만 구체적인 증거는 발견되지 않았다.

　하지만 플라톤이 서술한 내용과 비교적 가까운 학설이 있으니 그것은 바로 크레타 문명설이다. 크레타 섬은 기원전에 아주 뛰어난 문명을 가지고 있다가 기원전 1470년 화산 대폭발로 인해 갑자기 지구상에서 사라져 버렸다. 플라톤이 주장하는 아틀란티스의 화산 폭발과는 시기가 많이 다르지만, 화려했던 크레타 문명이 하루아

침에 멸망해 버렸다는 사실이 아틀란티스의 종말과 매우 비슷하다. 많은 학자들은 크레타 섬의 유적들을 살펴보고 이곳이 바로 아틀란티스일 것이라고 주장했다. 아틀란티스의 전설은 이 재난에 대한 이집트인의 보고서에서 유래했을 거라는 생각이었다. 하지만 그럴 경우 규모가 너무 작아진다는 문제점이 있었다.

1940년에는 에드가 케이시라는 미국인이 아틀란티스는 실제로 존재했었다며 아틀란티스가 플로리다만과 비미니 부근에서 다시 떠오를 것이라고 주장한 바 있었다. 그는 1968년부터 1969년 사이에 그 징후가 나타날 것이라고 예언했다.

실제로 1968년 이후 바하마 제도의 비미니 부근 해저에서 높이가 1m 정도 튀어나오고 직선 부분이 600m 이상 되는 J자 모양의 거대한 돌이 발견되었다. 그 외에도 화살 모양의 돌과 벽돌 블록, 대리석 원기둥, 돌계단 등 석상 구조물 100여 개가 발견되었다. 이것들은 과연 아틀란티스 대륙에서 나온 유물들일까?

아틀란티스 대륙은 실제로 존재했었는지, 어디에 존재했었는지 확실한 증거는 여전히 없다. 하지만 그렇다고 단순한 전설로 치부하기에는 의심스러운 부분들이 많다. 정말로 존재했던 대륙이었다면 언제쯤 궁금해 하는 사람들 앞에 얼굴을 내밀게 될까.

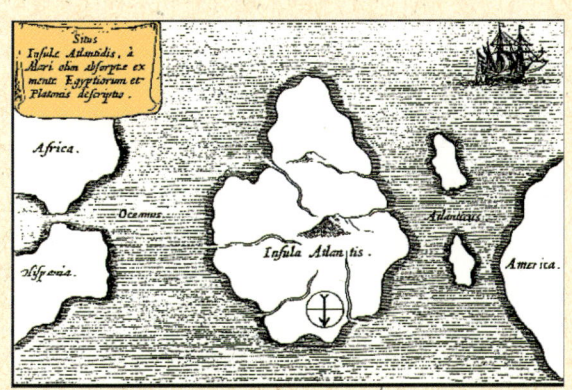

아타나시우스 키르허의 아틀란티스 지도
아틀란티스가 대서양 한가운데 자리 잡고 있다. 1669년 암스테르담에서 출판된 'Mundus Subterraneus' 출처. 이 지도는 위쪽이 남쪽으로 되어 있다.

The Story of the World Map and Geography

Part 3

재미있는 세계 지리 이야기

chapter 09 _ 아시아 대륙의 미스터리

chapter 10 _ 유럽 대륙의 미스터리

chapter 11 _ 아메리카 대륙의 미스터리

chapter 12 _ 오세아니아 대륙의 미스터리

chapter 13 _ 아프리카 대륙의 미스터리

chapter 14 _ 남극, 북극의 미스터리

chapter 09

아시아 대륙의 미스터리

The Story of the World Map and Geography

모래사막을 방황하는 호수?

광활한 중국에는 다른 나라에서 볼 수 없는 신기한 자연이 많이 발견된다. 그 중 호수도 예외가 아닌데 2,800개나 되는 큰 호수들이 있으며 독특한 모양과 미스터리한 현상을 보이는 호수들도 많다.

그 중에서도 가장 오랜 시간 동안 수수께끼로 남아 사람들의 호기심을 자극했던 호수는 방황하는 호수로 알려진 로프노르(Lop Nor)이다. '많은 강물이 흘러드는 호수'라는 뜻을 가진 로프노르호는 중국 고대 역사서인 사마천의 〈사기〉에도 언급되어 있다. 역사서에 기록되어 있기는 하지만 정확한 위치를 알 수가 없어 상상으로만 존재했던 전설의 소금 호수였다.

그런데 2천 년 동안 베일에

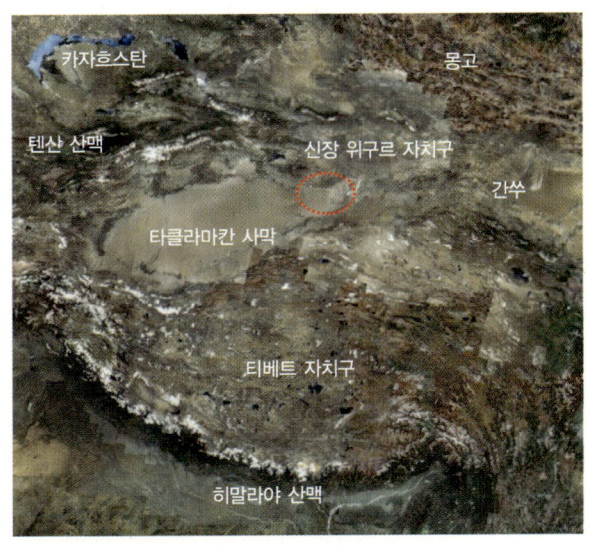

로프노르(Lop Nor)호가 있었을 것으로 추정하는 위치
방황하는 호수로 미스터리에 싸여 있던 로프노르호의 자리. 이 전설의 호수를 발견한 헤딘은 로프노르호수가 1600년을 주기로 남북으로 이동한다고 주장했다.

가려 있던 수수께끼 호수는 스웨덴 탐험가 스벤 헤딘(Sven Hedin)에 의해 그 존재가 밝혀지게 된다. 1900년 중앙아시아에 숨겨진 보물을 찾기 위해 고원과 타클라마칸 사막을 종횡무진 누비던 스벤 헤딘은, 중국 북서쪽 타림 분지 안에 있는 타클라마칸 사막에서 로프노르호의 바닥이라고 의심되는 소금의 마른 흔적과 로프노르호와 함께 기원전 2세기부터 서기 5세기 사이에 존재했던 신비의 고대 도시국가 누란의 유적지를 우연히 발견했다.

누란 왕국은 로프노르호 옆에 위치해 실크로드 교역의 중요한 요충지로 번성했던 고대 도시이다. 하지만 어떤 나라였는지에 대해서는 오랫동안 유물과 유적이 발견되지 않아 전설의 도시로만 알려져 있었다.

헤딘은 누란 왕국의 유물인 나무 가면, 나무로 된 편지, 종이책, 한자 기록 등을 찾아냈고, 그런 자료를 토대로 호수는 주기에 따라 다시 소금이 있

누란(Lou Lan)
타클라마칸 사막 속으로 사라진 실크로드의 도시국가 누란이 있던 자리. 유적이 발굴되며 만오천여 년 만에 고대 도시 누란의 실체가 드러났다. 누란은 한나라와 흉노 사이에서 번성했던 오아시스 도시국가였다.

는 장소로 돌아온다는 것을 밝혀냈다. 사막에 부는 거센 모래폭풍이 타림강의 물줄기를 바꾸면서 1600년을 주기로 로프노르호수를 수백 킬로미터나 움직여 위치를 바꾼다는 사실을 알아낸 것이다.

로프노르 호수가 이동하면서 호수에서 물을 끌어 생활하던 고대 도시 국가도 사라졌고 그 흔적들은 모두 모래에 묻히게 되었던 것이다.

로프노르호는 현재 어디에 있을까? 중국의 조사대에 따르면 로프노르호는 1962년에 완전히 사라졌다고 한다. 1928년엔 호수의 이동이 확인되었으나 1958년에 발생한 홍수로 인해 수천 킬로미터까지 불어났던 호수의 면적이 급속도로 증발해서 지금은 소멸했다고 보고 있다. 하지만 로프노르호가 천 년 후에 다시 나타날지는 아무도 모르는 일이다.

바다표범이 사는 따뜻한 호수?

러시아 남동부 시베리아에 위치한 초승달 모양의 바이칼호에는 2,600여 종의 희귀 생명체들이 살고 있다. 담수호인 바이칼 호수에 바다에 살아야 할 바다표범이 서식하고 있는데 어떻게 된 일일까. 바다표범이 바이칼 호수까지 오게 된 이유에는 몇 가지 학설이 있지만, 그 중에서도 빙하기 때 북극해의 해수 역류로 떠밀려 왔다는 설이 가장 유력하다. 빙하기가 끝난 후에도 바다로 돌아가지 못한 바다표범이 담수호에서 살아가는데 편리하도록 진화했다는 것이다. 바다에 사는 바다표범과 비교해 볼 때 바이칼의 바다표범은 몸집은 더 작고 눈은 더 크다.

혹독한 기후의 시베리아에 있는 바이칼 호수 주변은 다른 지역보다 따뜻

바이칼 호수에 사는 바다표범
바이칼바다표범(Baikal Seal)이라 불릴 정도로 바이칼 호수에만 있는 고유종이다.

하다. 여름철 호수 주변은 15~18℃로 다른 곳보다 기온이 8~10℃나 더 높다. 일반적으로 호수는 육지보다 기온 변화가 심하지 않고 주위의 기온에 영향을 끼치는 경우가 있다. 작은 호수라면 주위에 미치는 영향은 그다지 크지 않겠지만 바이칼 호수처럼 수심이 깊은 호수라면 호수의 따뜻한 기온이 주변으로 퍼져 나가 주변의 기온이 떨어지는 것을 억제하기도 한다. 그런 이유에서 바이칼 호수 주변 지역은 겨울에도 따뜻하다.

에베레스트산, 높아지고 있을까 낮아지고 있을까?

네팔과 중국 티베트의 경계인 히말라야 산맥에 솟아 있는 에베레스트산은 세계에서 가장 높은 산이다. 몇 겹의 구름을 뚫은 에베레스트는 산소가 희박한 대기권 밖의 성층권까지 올라가 있다. 세계의 지붕인 에베레스트의 높이를 알기 위해 많은 나라들이 측정을 했지만 나라마다 차이를 보였다. 어떤 동식물도 살 수 없는 정상에서 정확한 측정을 하는 것이 어려웠기 때문이다.

현재 1975년 중국의 탐사대가 측정한 8,848.13m를 공식 높이로 인정하고 있지만, 1999년 위성항법장치(GPS)를 이용해 측정한 미국은 에베레스트의 높이가 8,850m라고 주장했다. 지각판 이동으로 인도판이 중국과 네팔 쪽 땅을 밀어 올리면서 에베레스트가 일 년에 2인치씩 고도가 높아지고 있다는 것이다.

하지만 2005년 중국은 에베레스트가 낮아지고 있다고 발표했다. 각종 첨단 탐측 설비를 이용해 측정해 보니, 에베레스트 높이가 그 전보다 확실히 낮아졌다는 것이었다. 높이는 8,844.43m로 지금까지 측정한 수치 가운데 가장 정확한 것이라고 주장했다. 그렇다면 지각판의 이동으로 매년 조금씩 높아지던 에베레스트가 어떻게 다시 낮아진 것일까.

중국이 30년간 에베레스트 일대의 지각 변동을 관찰한 후 발표한 연구 결과에 따르면, 에베레스트가 낮아진 이유는 지구 온난화의 영향으로 기온이 상승하여 에베레스트 정상의 눈이 녹기 때문이다. 수십 미터 두께의 눈이

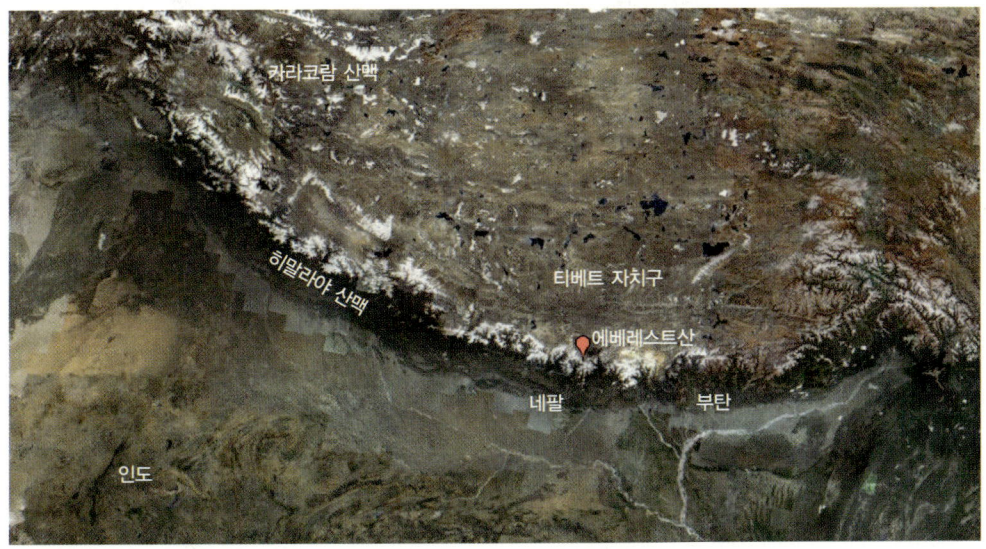

히말라야 산맥
인도 대륙과 티베트 고원 사이에 위치한 산맥으로 카라코람 산맥과 파미르 고원의 여러 산맥과 이어져 있다. 8,000m에 달하는 14개의 봉우리들로 형성된 히말라야 산맥은 산스크리트어로 '눈이 사는 곳'이라는 의미를 갖는다.

에베레스트(Mount Everest)산
네팔과 티베트의 경계에 있는 히말라야 산맥의 최고봉인 에베레스트. 지구 온난화와 관광객들에 의한 환경오염으로 에베레스트는 훼손되고 있다. 최근에는 빙하와 눈이 빠르게 녹아내리면서 에베레스트 등반이 점점 어려워지고 있다.

녹으면서 얼음으로 응축되는 과정을 반복하여 에베레스트의 고도를 낮춘 것이다. 지구 온난화가 급격히 진행되면서 에베레스트의 빙하가 녹는 속도도 빨라지고 있다.

에베레스트의 최고봉 빙하인 초모랑마(Chomo Lungma 티베트어)가 지난 31년간 최고 270m가 녹아내렸고 에베레스트와 더불어 대표적인 높은 산인 K2도 고도가 낮아지고 있다. 이런 상태로 빙하가 녹아내리면 앞으로 10년 안에 히말라야 산맥의 50여 개 호수가 넘쳐 홍수를 일으킬 가능성도 제기되고 있다.

에베레스트산보다 높은 신비의 산?

히말라야 산맥의 에베레스트산이 세계에서 가장 높은 산이라는 것은 불변의 진리로 여겨진다. 하지만 에베레스트보다 더 높은 산을 중국 서부의 산맥에서 본 적이 있다고 주장하는 몇몇 조종사들이 있다.

중국 서부의 칭하이(靑海省)에 대략 10,000m가 넘는다고 소문난 아무네마틴(Amne Machin)산이 있다. 그 산은 깊숙한 오지에 숨겨져 존재를 드러내지 않고 있다. 왜 에베레스트보다 높은 이 산은 비밀에 가려져 모습을 드러내지 않고 있을까.

아무네마틴산은 1921년 영국의 탐험가가 환상의 산에 대해 남긴 기록을 시작으로 세상에 처음 알려졌다. 1944년 미국의 조종사가 7,000m 높이의 봉우리가 여러 개 있는 중국 서부의 쿤룬 산맥을 지나다가 고도계 기준으로 10,000m 이상의 산을 발견했다는 소문이 돌면서 그 후 산의 비밀을 파헤치기 위해 호기심 많은 모험가들이 탐험을 시도하게 된다.

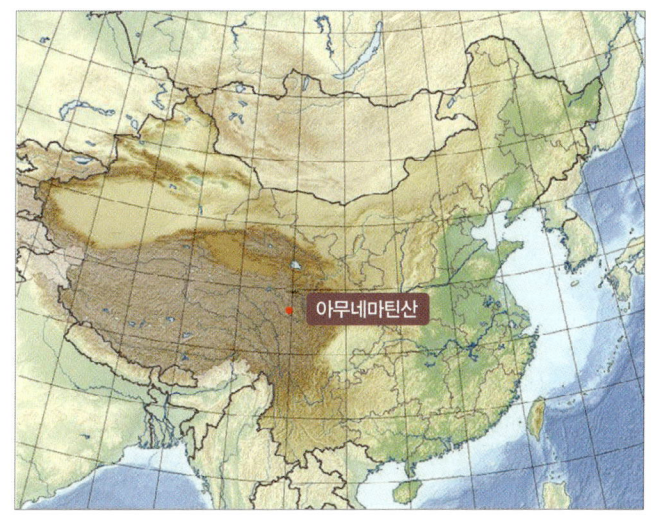

아무네마틴(Mount Amne Machin)
중국 서부의 칭하이호와 북 차이란 분지를 잇는 아무네마틴 산맥에 위치한 산. 탐험대의 접근이 어려운 오지에 있어서 오랫동안 베일에 가려져 있었다. 1981년에 산의 정체가 드러났지만, 사람들은 여전히 아무네마틴을 신비의 산이라고 믿고 있다.

볼펜을 보급시켜 볼펜의 왕이라 불리는 레이놀즈 역시 탐험대를 조직하여 산을 등반하려 했으나 중국 정부의 제재로 아무것도 얻지 못한 채 탐험을 포기한다. 아무네마틴산은 많은 탐험가들이 등반을 시도하지만, 산에 사는 원주민 고르크족의 공격을 받거나 안개 속에서 실종되는 등 악천후에 희생되면서 근접할 수 없는 저주의 산, 마의 산이라고 불리게 된다.

아무네마틴 산맥에 사는 고르크족이 문명과 단절된 채 산을 신성한 곳으로 여겨 외부인들이 산 가까이에 접근하면 무참히 죽인다는 소문까지 나자 탐험대들은 더 쉽게 접근하지 못하게 되었다.

1949년 클라크의 탐험대가 처음으로 높이 측량에 성공했는데, 1차 측량 결과 9,040m였다. 하지만 구름이 몰려와 봉우리를 가렸고 계속된 기상 이

변에 알 수 없는 병까지 겹쳐 탐험대는 2, 3차 측량을 모두 포기한다. 공식 기록으로 인정받기 위한 측량은 세 번을 잰 다음 평균을 기준으로 하기 때문에 아무네마틴산의 높이를 9,040m라고 단정 지을 수는 없었다. 더구나 중국 정부가 나서서 산에 접근하는 것을 막게 되자 아무네마틴은 더욱 비밀의 산이 되었다.

하지만 탐험대의 접근을 계속 불허하던 중국 정부는 1981년에 이르러 미국 탐험대의 등반을 허락했다. 갈렌 로웰의 탐험대는 아무네마틴산의 정상까지 올라 정확한 높이를 측량하는 데 성공한다. 그러나 많은 기대에도 불구하고 아무네마틴산의 측량 결과는 6,282m로 나왔다.

수십 년 동안 에베레스트보다 높은 산이라고 믿으며 신비의 산이라 불렸던 아무네마틴산이 1981년에 이르러 정체를 드러낸 것이다. 하지만 사람들은 아직도 아무네마틴산이 베일이 덜 벗겨진 신비의 산이라고 믿고 있다니, 사람들의 선입견은 대단한 위력을 발휘하는 듯하다.

인도네시아의 수수께끼 섬?

작고 큰 섬들로 이루어진 인도네시아에는 17,508개의 섬이 있다. 이 섬들 중에서 특히 플로레스(Flores) 섬은 자연의 신비함을 그대로 간직하고 있는 곳이다. 플로레스 섬의 클리무투(Gunung Kelimutu) 산에는 수수께끼 색을 가진 신비한 분화구가 있다.

그 분화구에는 세 개의 칼데라호가 있는데, 수만 년 동안의 화산 활동으로 이 세 호수들은 각기 다른 물 빛깔을 낸다. 가장 큰 호수는 푸른색, 두 번째 호수는 초록색 그리고 가장 작은 호수는 진한 초콜릿 색을 띤다. 호수의 물에 포함된 광물의 함유량이 달라서 각기 다른 빛깔을 낸다는 것이다. 그리고 시간이 지나면서 호수의 빛깔이 변하기도 하는데 20년 전에는 빨강, 파랑, 흰색의 호수였다고 한다.

호수를 보는 시기에 따라 호수 빛깔이 각기 달리 보일 수도 있다. 오염되지 않은 산 정상의 칼데라 호수의 물빛은 자연의 변화와 함께 더 신비함을 주고 있다.

플로레스 섬 클리무투 산 분화구의 신비한 색깔

세월이 지나면서 변하는 호수의 다양한 빛깔 때문에 인근 주민들은 클리무투 산을 신성한 곳으로 여겼다. 그 곳은 성지이자, 죽은 이의 영혼이 깃드는 곳으로 생각하고 있다. 또 분화구가 있는 세 호수에는 죽은 이의 영혼이 잠들어 있다고 믿는데, 푸른 호수에는 청년, 초록색의 호수에는 부모, 그리고 짙은 갈색 호수에는 죄인의 영혼이 잠들어 있다고 믿고 있다.

소금호수인 사해가 소금밭이 된다고?

'소금바다'라고 불리는 사해(死海, Dead Sea)는 아라비아 반도 북서쪽에 위치하며, 서쪽으로는 이스라엘, 동쪽으로는 요르단에 접하고 있다. 하지만 이름과는 다르게 사해는 바다가 아닌 호수이다. 염분 농도가 바다보다 7배나 높은 짜디짠 호수이다. 강한 소금기 때문에 어떤 생물이나 물고기도 살 수 없어서 죽은 바다, 즉 사해(死海)라고 불리게 되었다. 물고기가 없는 호수 위에는 새들도 찾아오지 않았는데 중세의 사람들은 사해 상공의 대기에 독이 퍼져 있어서 새를 구경할 수 없다고 믿었다.

바다보다 짠 사해는 지중해의 해수면보다 400m나 낮다. 사해로 흘러든 요르단 강물이 지중해로 빠져나가지 못하고 그대로 호수에 고이고, 들어온 물의 양과 거의 동일한 물의 양이 건조한 날씨로 인해 증발된다. 강물이 빠져나가지 못하고 수분만 증발하면서 결국 호수에 염분만이 남게 되었다. 강물이 흘러들어와 빠져나가지 못하는 과정을 반복하면서 사해는 염분 농도가 매우 높은 호수가 된 것이다.

그런데 최근 사해의 담수 양이 50년 전에 비해 3분의 1로 줄었다. 요르단 강 주변국들이 요르단 강물을 끌어가면서 사해로 흘러드는 요르단 강물의 양이 줄어들었기 때문이다. 이스라엘과 요르단이 강물을 끌어다 쓰기 시작한 1980년대 이후, 이곳으로 유입되는 요르단 강물의 양이 급격히 줄어들어 사해의 수위는 해마다 1m씩 내려가고 있다. 이런 속도라면, 50년 내에 소금바다가 아닌 소금밭이 될 거라는 예측도 나오고 있다.

사해의 물이 모두 증발되면, 생태계가 파괴되고 지각이 뒤틀려 붕괴될 수도 있다. 사해의 수위가 내려가면 사해 해안선 부근의 염수의 수위

사해(Dead Sea)
이스라엘과 요르단 사이에 있는 호수. 요르단 강물이 유입되지만, 낮은 지형으로 물이 빠져나가지 못하고 건조 기후로 인해 많은 양의 수분이 증발하여 염분 농도가 바다보다 7배나 높다.

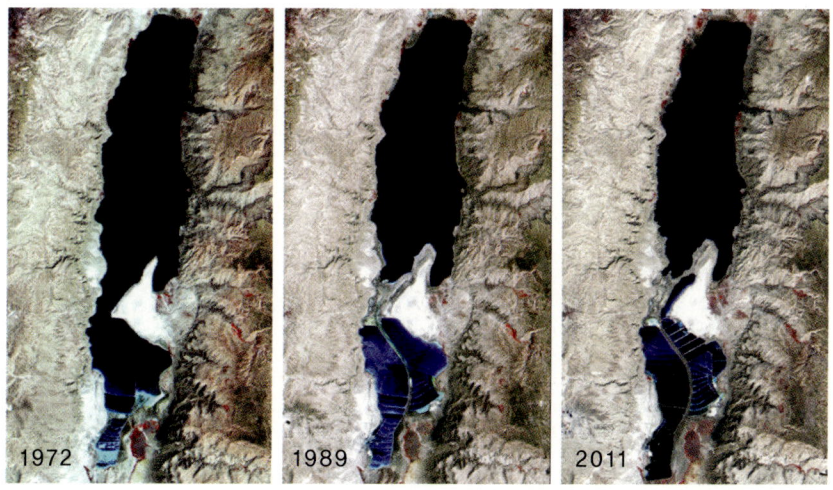

줄어드는 사해
세계에서 가장 희귀한 호수인 사해가 매년 작아지고 있다. 요르단강을 관개용으로 전환한 후 사해의 수위는 매년 1m씩 낮아지고 있다. 요르단강이 마르면 사해는 결국 고갈되어 거대한 소금밭으로 변할 수 있다. 홍해의 물을 끌어들여 사해를 살릴 계획도 논의되고 있다.

가 낮아지고 그 자리는 담수가 대신 채우게 되는데 이때 사해 바닥의 염분기가 녹아서 벗겨지게 되면 그 자리에 구멍이 뚫리고 그 때문에 바닥 지반이 약해져 갑자기 바닥이 수 미터 아래로 내려앉을 수도 있다. 현재 사해의 바닥에는 붕괴의 위험을 가진 구멍들이 잔뜩 뚫려 있다.

사해를 지키기 위해 환경운동단체와 요르단강 주변국들은 물 부족을 해소하기 위한 대안을 마련하였고 이스라엘과 요르단은 홍해에서 바닷물을 끌어와 사해에 유입시키는 방법을 공동 제안했다. 하지만 강물이 아닌 바닷물이 사해로 들어오면 염분 농도가 더 높아져 안 좋은 결과를 낳을 것이라고 환경 단체는 경고한다. 이런 방법은 일시적인 해결책밖에 될 수 없다. 사해를 살리기 위한 더 효과적인 방법에 대한 논의는 여전히 진행 중이다.

말라카 해협에서 사고가 잦은 이유?

세계 최대의 석유 산지인 중동과 세계 최대 제조업 지대인 동아시아를 잇는 말라카 해협(Malacca Strait). 인도네시아, 싱가포르, 말레이시아를 끼고 도는 이 해협은 길이가 약 800km나 되지만 너비(북부)는 300km, 평균 수심은 50m에, 폭이 가장 좁은 곳은 8.5km밖에 안 된다. 또한 암초가 많으며 수심이 23m 이하인 곳도 99개나 될 정도로 험난한 곳이다.

이렇듯 험한 항로인데다 위치상 선박의 왕래가 많아 이곳에서는 사고가 많이 났다. 그래서 오랫동안 말라카 해협은 공포의 해협으로 여겨졌다. 그런데 사고가 많이 나는 원인의 하나로 지역의 지도에 문제가 있었던 것이 지적되었다.

말레이시아, 싱가포르를 지배하던 영국과 인도네시아를 지배했던 네덜란드가 각각 만

말라카 해협(Malacca Strait)
동남아시아 말레이 반도 남부 서해안과 인도네시아 수마트라 섬의 동해안 사이에 있는 해협. 국내 원유 수입량의 90% 이상, 수출입 물동량의 30% 이상이 통과하는 주요 항로이다. 말라카 해협은 한때 해적 소굴로 악명이 높았다.

든 지도를 이어 붙였기 때문에 오차가 생겼다는 것. 양국의 기준 수치가 달랐기 때문에 오차가 발생했고 측량이 어려웠던 부분의 표시도 제대로 이루어지지 않았기 때문이다. 그래서 1969년부터 오류를 수정하기 시작했고 실제와 커다란 오차가 있다는 것을 밝혀냈다. 그렇게 해서 잘못된 지도에서 생기는 문제점을 해결하였다.

그럼에도 말라카 해협은 여전히 위험한 항로였다. 워낙 지형이 험한데다 해적까지 출몰해 그곳을 지나가는 배들을 괴롭혔기 때문이다.

절벽 끝에서 떨어지지 않는 황금바위?

불교의 나라 미얀마에는 짜익티요(Mt. Kyaikhtiyo) 산이 있는데, 이곳엔 불교 신자들의 발길이 끊이지 않는다. 이 산의 정상 절벽 끝에 '신비한 황금바위'가 있기 때문이다.

떨어질 듯 위태롭게 위치한 둥근 황금바위는 높이 7.6m, 둘레 15m의 거대한 바위인데 아주 약한 입김에도 굴러 떨어질 것 같지만 힘센 남자들이 흔들어도 절대로 움직이지 않는다. 가파른 낭떠러지 끝에 절반쯤 튀어나와 있어서 아래나 옆에서 보면 공중에 떠 있는 것처럼 보이기도 한다.

황금바위는 11세기부터 그 자리에 놓여 있었는데 몇 번의 지진에도 끄떡 없었다. 이 바위가 마치 중력의 법칙도 무시한 듯 떨어지지 않는 이유는 바위 위에 있는 7.3m의 불탑에 부처의 머리카락이 보관되어 있기 때문이라고 현지인들은 믿고 있다. 부처의 머리카락이 봉납된 황금바위 앞에는 기원하는 사람들의 발길이 끊이지 않는다. 황금바위는 미얀마의 순례지 중에서도 가장 신성한 불교 유적지로, 이 바위를 세 번 방문하면 건강, 행복, 부를 갖게 된다고 믿고 있다.

중국에 시차가 없는 이유는?

지구가 한 바퀴 도는 데에는 24시간이 걸린다. 그래서 경도 15도마다 1시간씩 시간을 늦춰 시계로 재는 시각과 해의 움직임에 맞춘 시각이 어긋나는 것을 조정한다.

동서로 긴 국토를 가진 미국에서는 네 개의 시차가 설정되어 있다. 서부 표준 시간, 산악부 표준 시간, 중부 표준 시간, 동부 표준 시간 등이 바로 그것. 여기에 하와이와 알래스카의 시간까지 포함하면 여섯 개로 늘어난다. 동서로 길다 보니 시차가 여러 개 생긴 것이다.

그런데 미국과 마찬가지로 광대한 국토를 가진 나라인 중국은 시차가 하나밖에 없다. 중국 국토의 동서 길이는 약 5200km이다. 가장 동쪽과 서쪽 사이에 경도가 무려 60도나 차이가 난다. 이 정도로 국토가 넓다면 자연적인 시간과 시계로 재는 시간 차이가 상당히 커진다.

중국은 동경 120도의 자오선을 표준 시간으로 삼고, 전국에 통일적으로 이 표준 시간을 사용하고 있다. 그래서 서쪽 끝의 티베트는 시계로 재는 시간으로는 저녁 때라도 실제로는 아직 한낮인 상황이 일어나기도 한다. 중국 정부는 행정 편의와 동서의 인구 비례 때문에 통일 시간을 채택하고 있다고

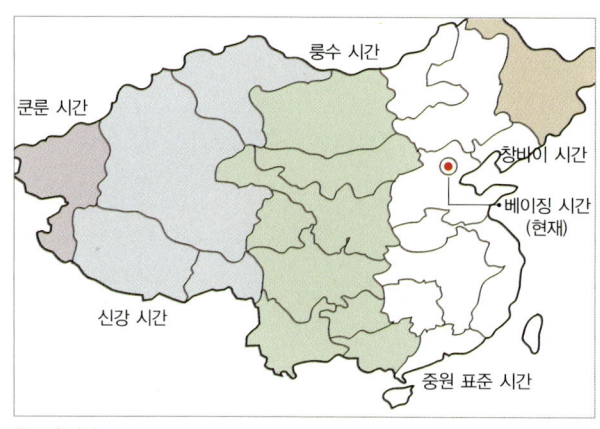

중국의 시차
중국의 국토는 우리나라보다 44배나 넓지만 시차가 하나밖에 없다. 베이징과 약 2시간 정도 차이가 나는 곳에서도 베이징의 표준 시간을 적용한다. 실제로 시간 차이가 많이 나는 지방에서는 공공 업무에 적용시키는 시간과 실제 생활에 적용시키는 시간이 다른 이중 시간을 쓰고 있다.

하지만, 대신에 많은 국민들은 상당한 불편을 감수할 수밖에 없다.

사실 중앙에서 모든 행정을 총괄하는 중국 입장에서는 국내에 시차를 설정하면 행정과 교통, 방송 등 여러 가지 면에서 매우 복잡해진다. 게다가 중국의 인구밀도는 서부 지역보다 동부 지역이 압도적으로 높다. 이 두 가지 이유 때문에 중국 정부는 행정의 편의성을 위해 서부 지역에서는 시계로 재는 시간과 체감 시간이 어긋나는 것을 감수하면서까지 시차를 설정하지 않고 동부 지역의 표준 시간을 적용한 것이다. 한때 중국에서도 네 개의 시차를 둔 적이 있었다. 1912년 중화민국 성립 후 쿤룬, 신강, 중원 표준, 창바이 시간대를 사용했다. 그러나 1949년 국민당 정부는 베이징 시간을 기준으로 전국의 시간을 통일했다.

그래서 서부의 신강 지역에는 '신강 시간'이란 것이 존재한다. 그 지역의 실정에 맞는 시간을 따로 설정하여 사용하는 것이다. 신강 시간은 베이징 시간보다 2시간 늦다.

영국 해안이 일본에 있다고?

영국 해안은 당연히 영국에 있다고 생각하겠지만, 일본에도 '영국 해안'이 있다면 믿을 수 있을까. 일본 이와테 현의 하나마키 시를 관통해 흐르는 기타카미강과 사루가이시강이 합류하는 서쪽 해안에 '영국 해안'이라고 부르는 곳이 있다. 신생기 제3기 말에 형성된 이 지대는 응회암질 이암으로 되어 있어 강물이

일본의 이와테 현에 위치한 리아스식 해안
영국의 도버 해협을 연상시켜서 일본의 유명한 동화작가가 붙인 이름이다. 이와테 현의 '영국 해안'에는 실제로 영국의 도버 해협과 비슷한 분위기가 감돈다.

빠지면 하얀 바닥이 드러나 보인다.

분명 일본의 해안인데 어째서 '영국 해안'이라고 부르는 것일까?

이곳을 '영국 해안'이라고 이름 붙인 사람은 시인 미야자와 겐지(Miyazawa Kenji)였다. 그곳의 하얀 바닥이 하얀 절벽이 늘어서 있는 영국의 도버 해협을 연상시켰기 때문에 그런 이름을 붙인 것이다. 미야자와 겐지가 봤던 것처럼 이와테 현의 영국 해안에는 실제로 영국의 도버 해협과 비슷한 분위기가 감돌고 있다.

도버 해협은 영국과 프랑스 사이, 즉 영국의 그레이트 브리튼 섬과 유럽 대륙 사이의 좁은 해협을 말한다. 바다에서 도버 시를 바라보면 매우 인상적인 풍경이 눈에 들어온다. 그것은 바로 해안에 늘어서 있는 새하얀 절벽들이다. 마치 화이트 초콜릿으로 만들어 놓은 것처럼 새하얀 이 절벽의 재

> **미야자와 겐지(宮澤賢治, 1896~1933)**
> 일본의 농업가, 시인. 이와테 현 출신으로 생전에 농업 발달을 위해 많은 노력을 했으며 종교, 자연, 과학이 결합된 주제의 작품을 많이 썼다. 37세의 젊은 나이로 폐렴으로 요절했으며 그의 작품은 그가 죽은 후 널리 알려지게 되었다. 현재 일본에서 세대를 막론하고 가장 많이 사랑받는 동화작가이다. 대표작으로는 《은하철도의 밤》,《첼로 켜는 고슈》,《주문 많은 음식점》 등이 있다.

도버 해협의 양쪽으로 보이는 하얀 석회암 절벽
화이트 초콜릿으로 만들어 놓은 것처럼 새하얀 절벽의 재질은 탄산칼슘으로 중생대에 살던 유공충이라는 벌레의 시체가 석화되어 만들어진 것이다.

질은 탄산칼슘이다. 이것은 바로 중생대에 이 바다에 살던 유공충이라는 벌레의 시체가 석화되어 만들어진 것이다. 바닷속에 퇴적된 유공충의 시체가 돌처럼 딱딱하게 굳어진 것이 바다 위로 융기되면서 지금의 티 없이 새하얀 절벽이 된 것이다.

더구나 미야자와 겐지가 살아 있던 시절에 영국 해안의 수위는 지금보다 더 낮아 바닥이 넓게 드러나 있었다. 그래서 그 특유의 하얀 바닥과 공룡의 발자국 등을 더 자세히 관찰할 수 있었다. 그러나 요즘에는 수량이 많아져 갈수기에나 때때로 바닥이 드러날 뿐이다.

바다를 걸어서 갈 수 있는 섬?

우리나라 전라남도 남서쪽 끝에 있는 진도 고군면 회동리에는 음력 3월 그믐달이 뜨면 세계 각지로부터 많은 사람들이 바다 앞으로 모여든다. 음력 3월 그믐사리가 되는 4월이나 5월에 바다가 양옆으로 넓게 갈라지는 신비한 바닷길을 보기 위해서이다.

진도 회동리와 반대편에 위치한 의신면 모도 사이의 2.8km 거리의 바다가 1~2시간 동안 갈라져 섬 사이를 걸어서 건너갈 수 있게 땅이 드러난다. 수심 5~6m의 바다가 폭 40m 이상 갈라지니, 모세의 기적에 버금가는 규모라 할 수 있다.

구약성서에는 모세가 간절히 기도하여 바다를 두 갈래로 갈랐다는 이야기가 전해져 내려오고 있는데 진도의 신비한 바닷길에도 이와 비슷한 뽕할머니 전설이 있다.

진도의 바닷길
음력 3월 그믐사리가 되면 진도 회동리와 의신면 모도 사이의 2.8km 길이의 바다가 40m 폭으로 갈라져 길이 생긴다. 조석간만의 차로 바닷물이 썰물로 빠지면서 바닷속의 모래언덕이 일시적으로 바닷물 위로 드러나 바다를 양쪽으로 갈라놓은 것처럼 보인다.

옛날 손동지라는 사람이 제주도로 유배 가던 도중 풍랑을 만나 진도 호동마을에서 촌락을 이루고 살게 되었다. 그런데 호랑이의 수가 급증하여 마을 사람들을 잡아먹기에 이르렀다. 호랑이의 습격이 잦아지자 마을 사람들은 건너편 모도라는 섬으로 피신하게 된다. 하지만 급하게 도망가는 바람에 실수로 뽕할머니 한 분만 빼놓고 갔다.

호랑이가 득실거리는 섬에 혼자 남게 된 뽕할머니는 무서움과 외로움에 지쳐 용왕께 매일 기도를 했다. 그러던 어느 날 용왕이 꿈에 나타나 말했다.

"내일 바다에 무지개를 내릴 테니 바다를 건너가라."

다음 날 가까운 바닷가에 나가 기도를 했더니 과연 바닷물이 갈라지면서 무지개처럼 둥근 바닷길이 나타났다. 하지만 매일 기도하느라 기력이 쇠진해진 할머니는 그 길을 건널 수 없었다.

모도에서 할머니를 걱정하던 마을 사람들이 징과 꽹과리를 치면서 바닷길을 건너 호동에 도착하니 뽕할머니는 "내 기도로 바닷길이 열려 너희들을 만났으니 이젠 한이 없다."는 말을 남긴 채 숨을 거두고 말았다.

　　호동마을 사람들은 뽕할머니의 소망이 바닷길을 드러내게 해서 모도에서 다시 돌아올 수 있었다 하여 마을 이름을 회동(回洞)이라 부르게 되었다고 한다. 바닷물이 갈라지는 시기에는 뽕할머니의 영혼을 기리는 영등제와 소원 성취를 비는 기원제도 지낸다.

　　봄과 가을 그믐과 보름사리 간만의 차가 심할 때도 바닷물이 갈라지는 현상은 나타난다. 바다 갈라짐, 즉 '해할(海割)'은 조석간만의 차로 바닷물이 썰물로 빠지면서 바닷속의 모래언덕이 일시적으로 바닷물 위로 드러나 마치 바다를 양쪽으로 갈라놓은 것처럼 보이는 자연현상이다. 이것은 밀물과 썰물의 차가 4m 이상일 때에 일어난다. 육지에서 바다로 바람이 강하게 불면 바다가 열리는 기간이 길어지고 반대방향으로 불면 짧아진다. 이렇듯 바다가 갈라지는 현상은 바람의 영향을 많이 받는다.

　　많은 관광객들이 신비한 바닷길을 보기 위해 진도를 찾고 있지만, 조개 채취 등으로 인한 개펄 훼손으로 바닷길이 낮아지고 있다. 신비한 바닷길을 보존하기 위해 현재는 휴식년제를 도입하는 방안도 검토되고 있다.

중국의 영토가 넓어질 수 있었던 이유는?

　　중국은 세계에서 네 번째로 큰 대륙으로 인구는 세계에서 가장 많다. 중국의 인구는 공식적으로 14억이고 실제 인구는 16억 정도로 추정하지만 중국의 인구학자는 실제 인구를 20억 명으로 보고 있다. 중국의 산아제한정책 때문에 아이가 태어나도 호적에 올리지조차 않고, 수많은 소수민족들을 일일이 찾아다니며 인구 조사를 할 수 없기에 제대로 된 통계가 나올 수 없다.

중국은 단일민족이 아닌 56개의 다양한 민족으로 구성되어 있다. 한족이 전체 인구의 90%를 차지하고, 만주족·티베트족·위구르족·몽골족 등 55개의 소수민족이 있다.

통일된 다민족 국가인 중국은 기나긴 역사 속에서 점차 부피를 키워 왔다. 중국이 한족만으로 구성된 나라를 세우지 않은 이유는 중화사상 때문이다. 춘추전국시대부터 진, 한 시대에 걸쳐 형성된 중화사상은 중국만이 세계의 중심이며 화려한 문화를 가진 우수한 나라라는 사상이다. 진시황이 만리장성을 쌓을 때 명분으로 내세운 것이 시초가 되어 중화사상을 간직한 한족은 다른 민족의 땅을 무력으로 정복하여 주변 민족을 복속시켜 세력을 확대해 갔다.

중국의 소수민족들
중국은 단일민족이 아닌 56개의 다양한 민족으로 구성되어 있다. 중국의 민족은 대다수를 차지하는 한족과 만주족, 티베트족, 위구르족, 몽골족 등 55개의 소수민족으로 구성되어 있다.

중국의 민족평등정책 명분 아래 소수민족 중에서 인구가 많은 몽골족, 위구르족, 장족, 후이족, 티베트 족에게는 스스로 민족 내부의 지역적 사무를 관리하도록 하는 자치권을 인정하고 있지만, 자치권에도 제한이 있어서 실제로는 한족에게 복속되어 있다. 티베트족을 비롯해 다른 소수민족들은 한족(중국 정부)에게 심각한 탄압을 받고 있다.

기원전 206년 진시황의 진나라가 15년 만에 멸

망하고 한나라가 등장했는데 그 민족이 한족이다. 한족은 한 왕조에서 유래되어 황허문명을 만들고 한자를 발명한 민족이다. 중국인을 한족이라고 표현하지만, 같은 한자를 써도 지역마다 말이 다르다. 남부의 한족과 북부의 한족은 말이 통하지 않기도 한다. 주거지 형태도 다른데, 북부에서는 흙으로 만든 집에 살고 남부에서는 나무로 만든 집에 산다. 중국의 몸집 불리기 정책으로 한족도 다른 소수민족들에 융화되면서 다른 특성을 띠게 되었다.

중국은 결국 소수민족들을 복속시켜 점차적으로 거대한 몸집을 갖게 된 나라인 것이다.

소수민족의 분포도
중국 각 지역에 분포하고 있는 소수민족의 구성을 보여 준다. 인구가 많은 소수민족은 장족, 만주족, 위구르족, 몽골족, 후이족, 티베트족이다. 신장 위구르 자치구와 티베트에서는 분리 독립 운동이 그치지 않고 있다.

이스라엘은 여전히 국가 없는 땅?

이스라엘의 예루살렘은 수천 년 동안 끊임없이 외부의 침략을 받았다. 3천 년이 넘는 세월 동안 수없이 주인이 바뀌고 수차례나 초토화된 슬픈 역사를 가지고 있다. 전쟁에서 예루살렘이 자유로울 수 없었던 이유는 유대교, 기독교, 이슬람교의 성지이기 때문이다. 서로 성지를 차지하기 위해 수많은 사람들이 피를 흘려 왔던 것이다.

예루살렘은 예루살렘 성을 기준으로 구시가지와 신시가지로 나뉘어 있다. 여의도보다 작은 구시가지에는 네 개의 종교가 모여 있다. 이슬람 지역, 기독교 지역, 아르메니아 지역, 유대 지역으로 나뉘어 있는데, 각 지역마다 건물양식이나 분위기가 확실히 구분된다. 유대인과 아랍인 모두 신성시하는 통곡의 벽과 황금사원도 구시가지에 있다.

예루살렘이 이들 종교의 성지가 된 배경은 성경에 나온다. 구약성서에 나오는 아브라함이 정착한 곳이 지금의 이스라엘로 아브라함의 후손인 헤브라이인이 이집트를 탈출하여 가나안으로 들어와 예루살렘을 수도로 하는 헤브라이 왕국을 세운 곳이다. 이 왕국은 다윗 왕과 그의 아들 솔로몬 왕 때 전성기를 맞지만, 부족 간의 대립으로 유대와 이스라엘로 분열되면서 이스라엘 왕국은 아시리아에게 정복되고 유대 왕국도 신바빌로니아에게 멸망하여 주민의 일부가 바빌론에 잡혀 갔다.

페르시아가 망한 뒤 헤브라이인이 유다 땅에 돌아와 성전을 재건하고 유대교를 성립시켰다. 이렇듯 유대인에게 예루살렘은 유대 민족이 태어난 성스러운 땅이였다. 긴 세월이 흐른 후 예루살렘으로 돌아온 유대인들은 솔로몬 왕의 신전이 있던 자리에 제2신전을 세우지만, 다시 로마에 의해

황금돔
7세기에 세워진 황금돔은 이슬람교의 3대 성지 중 하나다. 무함마드가 하나님의 계시를 받기 위해 승천한 바위를 가운데 두고 세워진 바위 돔 모스크이다. 이슬람교를 믿는 무슬림이 아니면 들어갈 수 없다.

파괴되어 지금은 서쪽 벽 일부만이 남아 있을 뿐이다. 그 벽이 바로 '통곡의 벽'이다.

예수를 죽음으로 몬 장본인이 유대인이기에 기독교인은 유대인을 미워하게 되었다. 기독교인에게 예루살렘은 예수가 처형당했다가 다시 부활한 성지이다. 구시가지에는 예수가 십자가에 매달렸던 골고다 언덕과 예수가 십자가를 짊어지고 걸어갔던 고난의 길이라는 뜻

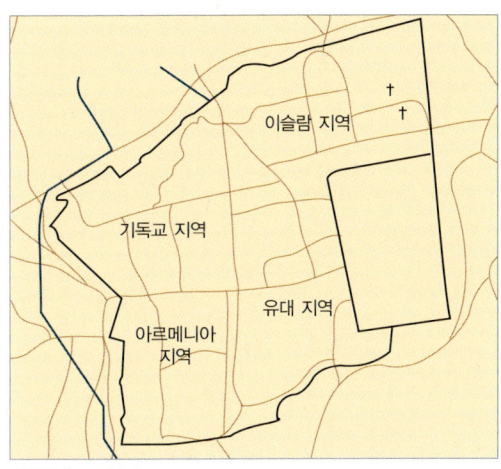

예루살렘 구시가지
여의도보다 작은 면적의 구시가지에는 네 개의 종교 지역이 모여 있다. 이슬람 지역, 기독교 지역, 아르메니아 지역, 유대 지역으로 나뉘어 있으며 성벽으로 둘러싸여 있다. 네 구역은 건물 양식이나 분위기도 완전히 구분되고, 유대인·아르메니아인·무슬림·기독교인이 각각 거주한다.

의 비아 돌로로사가 있다. 또 예수를 매장한 곳으로 알려져 있는 '성분묘 교회'도 남아 있다.

이슬람교에서도 예루살렘은 메카, 메디나에 이은 제3의 성지이다. 이슬람교를 믿는 무슬림이 아니면 들어갈 수 없는 황금돔은 이방 종교인의 출입을 금하고 있다. 무슬림의 성지가 된 건물 안은 아브라함이 아들 이삭을 바치려고 했던 바위가 있던 장소이며 예언자 무함마드가 천마를 타고 하늘로 승천한 곳이다.

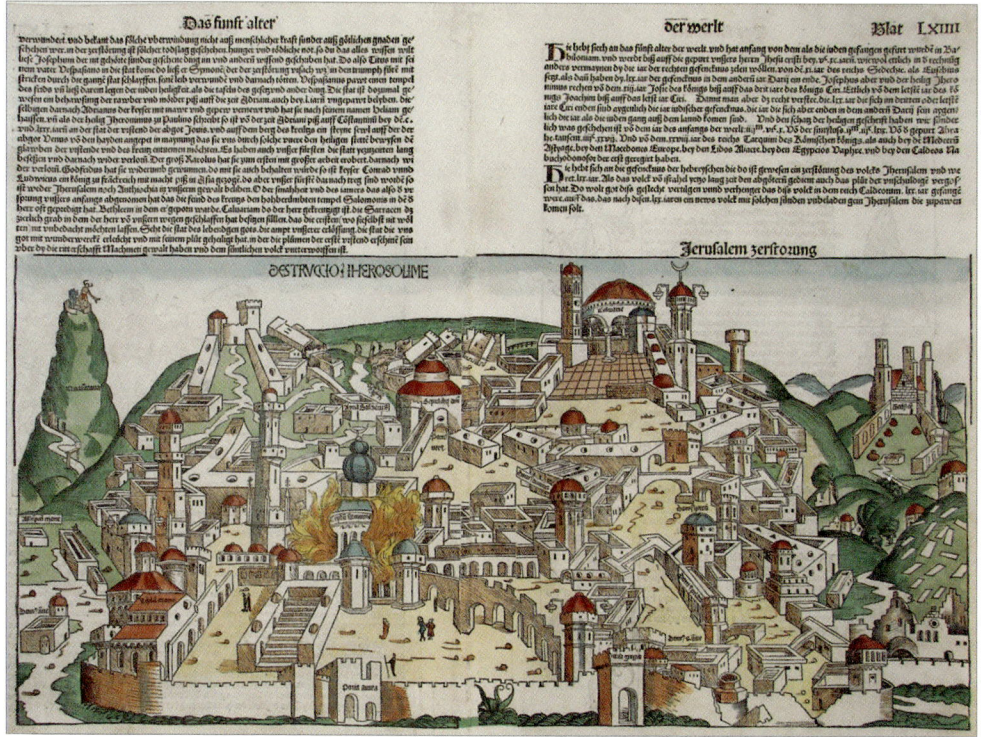

15세기의 예루살렘
15세기 초의 예루살렘 도시 풍경을 엿볼 수 있는 목판본 지도이다.

유대교, 기독교, 이슬람교 모두가 예루살렘을 성지로 받들고 있는 현실은 세 종교 사이에 많은 갈등과 반목을 일으키고 있다. 또한 자신의 종교만이 유일하고 절대적이라는 배타적인 주장으로 인해서 세 종교 간의 화해와 평화를 이끌어 내기에는 역부족으로 보인다.

이 때문에 예루살렘은 어느 종교에게나 절대로 양보할 수 없는 성지인 동시에 혼돈과 충돌의 분쟁 지역으로 인류의 역사가 계속되는 한 지속될 것이다.

chapter 10

유럽 대륙의 미스터리

The Story of the World Map and Geography

터키, 아시아일까 유럽일까?

세계지도를 보면 유럽과 아시아는 바로 옆에 붙어 '유라시아' 대륙을 이루고 있다. 이처럼 유럽은 아시아와 바짝 붙어 있지만 그 문화와 종교, 역사, 정치, 언어 등은 아시아와 상당히 다르다. 그래서 지리학자들은 편의상 우랄 산맥과 카스피해, 그리고 흑해를 기준으로 유라시아 대륙을 아시아와 유럽으로 나눈다.

터키는 유럽과 아시아 사이의 경계 역할을 하는 보스포루스 해협을 끼고 유럽과 아시아 양쪽에 걸쳐 있지만, 그 지리적 비율로 보면 국토의 95%가 아시아 쪽에 있다. 이 정도면 아시아에 속한다고 해도 좋을 것이다. 그러나 수도 이스탄불의 주요 부분은 유럽 쪽에 있다.

터키인들 역시 스스로를 유럽인이라고 생각한다. 아니 적어도 그렇게 생각하고 싶어 한다. 터키

터키의 수도 이스탄불
유럽과 아시아가 공존하는 동서양의 도시 이스탄불의 한가운데에는 보스포루스 해협을 가로지르는 대교가 있다.

정부의 관광 안내서에도 '중동에 가장 가까운 유럽'이라고 쓰여 있는 것을 보면 말이다. 터키는 현재 유럽 연합(EU)에 가입 신청을 해 놓은 상태이다. 축구에서도 유럽 연맹에 가맹해 있기 때문에 월드컵에는 유럽의 팀으로 참가한다.

하지만 터키의 혈통은 아시아 쪽에 가깝다. 터키 국민의 80%를 차지하는 터키족이 아시아 계통이기 때문이다. 터키인의 조상은 약 2000년 전 중앙아시아에서 유목생활을 하던 기마민족들이었다. 터키족은 11세기에 현재의 터키가 있는 소아시아에 진출했고, 16세기 중반에는 아라비아 반도, 북아프리카, 발칸 반도 전체를 지배할 만큼 널리 뻗어 나갔다. 오스트리아의 빈까지 함락시킬 뻔한 적도 있었다. 이렇게 계속 서쪽으로 진출하면서 터키족은 이슬람 문화와 서양 문화를 받아들이게 되었다.

현재 터키 국민의 90%는 이슬람교도이다. 하지만 터키의 이슬람교도들은 우리가 흔히 아는 이슬람교도와는 조금 다른 모습을 하고 있다. 일부 여성들은 피부가 드러나는 탱크톱에 미니스커트를 입기도 하고, 거리의 쇼윈도에는 유럽에서 유행하는 패션이 진열되어 있기도 하다. 터키의 이슬람교에는 이슬람 문화와 다른 서양 문화가 섞여 있는 것이다.

이처럼 국토의 대부분이 아시아에 위치하고 전통적으로 이슬람교를 믿으면서도 정치적·문화적으로 유럽에 가까운 나라가 바로 터키이

터키의 위치
터키는 마치 유럽과 아시아를 이어 주는 다리 같은 위치에 놓여 있다.

다. 단순히 유럽이라고도 아시아라고도 말할 수 없지만, 동시에 유럽이라고도 아시아라고도 할 수 있는 복합적인 문화를 가진 신비한 나라가 바로 터키인 것이다.

칼리닌그라드, 러시아에서 먼 러시아?

본토와 물리적으로 떨어져 있으면서도 같은 나라인 곳이 있다. 우리나라의 제주도나 미국의 괌, 하와이 등은 비록 땅은 떨어져 있지만 분명히 같은 나라에 속한다. 그러나 이 경우는 모두 섬이라는 공통점이 있다.

그런데 바다에 의해 나누어진 섬도 아니면서 다른 나라를 사이에 두고 같은 나라에 속한 곳이 있다고? 그렇다. 광대한 영토를 자랑하는 러시아에서 멀리 떨어진 곳에 러시아에 속하는 땅이 있다. 발트해 연안에 위치한 도시 칼리닌그라드가 바로 그곳이다.

그러면 칼리닌그라드는 언제부터 어떻게 해서 러시아의 영토가 되었을까. 사실 칼리닌그라드가 원래부터 러시아 본토와 단절되어 있었던 것은 아니었다. 칼리닌그라드가 현재의 상태가 된 것은 소련이 붕괴한 1991년부터였다.

칼리닌그라드는 원래 1255년에 독일 기사단이 세운 도시 '쾨니스부르

러시아 유일의 역 외 영토 칼리닌그라드
러시아산보다 유럽산 자동차와 물건들이 더 많은 곳 칼리닌그라드. 최근에는 암갈색과 노란색이 어우러진 유럽풍 저택이 많이 지어지고 있다.

유럽 연합 안의 섬 칼리닌그라드
2004년 폴란드와 리투아니아가 EU에 가입한 후 유럽 지도에서 칼리닌그라드는 마치 고립된 섬처럼 보인다.

크'였다. 이 지역은 제2차 세계대전이 일어날 때까지 독일의 지배하에 있었다. 그런데 독일이 전쟁에 지고 이 땅이 옛 소련의 영토가 되자, 이곳에 살던 독일인들은 독일로 되돌아갔다. 대신 러시아인들이 이주해 오면서, 도시 이름을 당시 러시아 지도자였던 미하일 칼리닌의 이름을 따서 '칼리닌그라드'라고 지었던 것이다. 이때에는 아직 러시아 본토와 칼리닌그라드가 이어져 있었다. 그런데 1991년 옛 소련이 붕괴한 후 소련에 반감을 갖고 있던 리투아니아, 라트비아, 에스토니아 등 주변의 발트 3국이 독립을 선언하자 칼리닌그라드는 러시아 본토와 단절되고 말았다.

발트 3국이 독립한 이후에도 칼리닌그라드의 주민들은 인접해 있는 폴란드와 리투아니아에 비자 없이 오고 갈 수 있었다. 하지만 2004년 이 두 나라가 유럽 연합(EU)에 가입하면서 이제는 그나마도 불가능하게 되었다.

이런 상황에도 불구하고 러시아에게 칼리닌그라드는 결코 포기할 수 없는 매우 중요한 곳이다. 러시아는 세계에서 긴 해안선을 가진 나라 중의 하나이지만 그 해안선은 북극해에 맞닿아 있어 1년 내내 얼어붙어 있다. 칼리닌그라드는 러시아의 항구 중 유일하게 발트해에 닿아 있는 부동항이자 해군기지인 것이다. 또 어업과 상업, 각종 산업의 중심지이기도 하다. 따라서 러시아에게 있어 칼리닌그라드는 전략적으로도 상업적으로도 매우 중요한 거점인 셈이다. 발트 3국이 독립한 지금, 러시아로서는 발트해에 면한 유일한 도시인 칼리닌그라드를 어떻게 해서라도 지키고 싶을 것이다.

하지만 러시아 본토와 단절된 칼리닌그라드는 현재 상황이 매우 좋지 않다. 본토와 단절된 영향으로 칼리닌그라드의 핵심 산업인 조선업과 수산업이 크게 타격을 입었고, 옛 소련 붕괴 이후 중앙아시아에서 많은 난민이 흘러들어 빈곤 문제마저 심각한 상황이다.

또한 유럽 연합이 미국의 미사일 방어망 계획에 동참하는 것에 대응하기 위해 러시아는 칼리닌그라드에 핵미사일을 배치했다. 이제 칼리닌그라드는 러시아에서 가장 중무장한 지역이 되어 더욱 어려운 처지에 놓이게 되었다.

주변 나라에 세금을 내는 나라 '안도라 공국'

스페인과 프랑스에 둘러싸인 작은 나라 안도라 공국. '공국'이란 역사적으로 왕보다 지위가 낮은 공작, 후작, 백작 등의 군주가 다스리던 나라를 말한다. 하지만 아무리 작은 공국이라도 독립된 한 국가인 안도라가 스페인과 프랑스에 세금을 낸다니, 도대체 어떻게 된 일일까? 그 역사적 배경을 살펴보자.

8세기 말 아프리카의 이슬람교도들이 이베리아 반도로 들어와 스페인과 프랑스를 침입하려 했다. 당시 이슬람교도의 세력 확대를 우려한 프랑크 왕국이 이슬람교도들을 봉쇄하기 위해 스페인의 우르헬 주교가 지배하는 성당을 이곳에 세운 것이 안도라 공국의 시초가 되었다. 그 후로 계속 스페인의 통치하에 있으면서도 주교의 감독 아래 상당한 자치권이 인정되는 특수한 지역이 되었다. 1278년에는 프랑스와 스페인 우르헬 주교 간에 치열한 주권 다툼 끝에 레리다 협정으로 안도라 공국에 대한 공동통치가 결정

스페인과 프랑스 사이에 위치한 작은 나라 안도라
나라 전체가 면세 지역인 안도라 공국은 그야말로 쇼핑의 천국이다. 공국의 수도는 '고대 도시 안도라'라는 의미의 안도라 라베야(Andorra la Vella)이다.

되었다. 이곳에서 얻는 수익도 절반씩 나누게 되었다. 그 이후로 안도라 국민들은 양측에 세금을 내고 있다.

프랑스의 권리는 현재 현 프랑스 정부가 계승했고, 스페인 우르헬 사제의 권리는 그대로 역대 우르헬 사제가 계승하고 있다. 현재 안도라 공국의 형식적인 국가원수는 스페인의 우르헬 사제와 프랑스 대통령인 셈이다. 안도라는 독자적인 의회를 가지고 자치적으로 나라를 운영하지만, 사법권은 형식적이나마 여전히 프랑스와 스페인의 우르헬 주교가 쥐고 있다. 오늘날 보기 드문 중세 봉건시대의 제도가 아직도 이곳에 남아 있는 것이다.

이탈리아인들은 왜 국가에 대한 귀속의식이 약할까?

땅이 남북으로 길게 뻗어 있는 이탈리아는 지역감정이 극심하고 국가에 대한 국민들의 귀속의식이 약한 편이다. 왜 그럴까?

이는 이탈리아가 국가로 성립할 때까지의 역사적 배경과 관련이 있다. 과거에 이탈리아는 몇 개의 독립 국가들로 나누어져 있었고, 현재의 이탈리아 공화국으로 통일된 것은 비교적 최근인 1861년이었다. 이처럼 이탈리아의 전체 역사 중 통일국가로서의 역사가 짧기 때문에 국민들의 국가 의식이 빈약한 것이다. '이탈리아' 라는 나라 이름도 1903년 나폴레옹이 밀라노와 그 주변을 중심으로 '이탈리아 공화국'을 세우면서 처음 사용하기 시작했다.

또 같은 이탈리아인이라고 해도 지역에 따라 매우 다른 외모를 가졌다는 점도 또 다른 이유이다. 북부 이탈리아인은 키가 크고 금발에 푸른 눈동자를 갖고 있는 반면, 중부 이탈리아인은 중간 키에 갈색 머리카락과 갈색 눈동자를 갖고 있다. 알프스 산맥 근처에 사는 사람들은 날씬한 체형에 갈색 머리카락을 가진 반면, 지중해 근처에 사는 이탈리아인은 작은 체구에 곱슬거리는 검은 머리카락을 가졌다.

남북으로 길게 뻗은 이탈리아
남쪽과 북쪽 지방이 지리적으로 서로 멀리 떨어져 있는 만큼 이탈리아는 지역감정이 극심한 편이다.

바로 이런 역사적·인종적 배경 때문에 이탈리아인들은 국가가 아닌 자기들이 사는 지역에 더 강한 귀속의식을 느끼게 된 것이다.

이러한 지역적 차이는 경제적 차이로도 이어졌다. 이탈리아 북부는 경제적으로 풍요로운 반면 남부는 빈곤한 지역으로 그 격차가 매우 심하다. 이런 사정을 배경으로 1990년대에는 이탈리아를 지역별로 다섯 지역으로 나누자는 의견이 나오기도 했다. 북부의 주를 중심으로 결성된 정당인 '북부동맹'이 이런 주장을 했는데, 경제적으로 부유한 북부가 가난한 남부를 먹여 살리기 싫다는 생각과 부패한 중앙정부에 대한 불신이 그 이유였다. 하지만 이 주장이 결국 나라의 틀을 무너뜨리고 나라가 분할되는 데까지 이르지는 않았다.

노르웨이는 북쪽으로 갈수록 따뜻해지는 나라?

북반구에서는 북쪽으로 갈수록 추워지고 남쪽으로 갈수록 따뜻해지는 것이 상식이다. 위도가 높아질수록 북극에 가까워지면서 날씨는 추워지고 위도가 낮아질수록 적도에 가까워서 날씨가 따뜻해진다.

그러나 북유럽의 노르웨이에서는 다르다. 북쪽으로 간다고 해서 반드시 더 추워지는 것이 아니라 오히려 더 따뜻해지기도 하기 때문이다.

북위 60도에 위치한 노르웨이의 수도 오슬로의 한겨울 추위는 가히 살인적이다. 크리스마스 때가 되면 잠깐 밖에 나가 있는 것만으로도 감각이 마비될 정도이다. 방한 도구를 착용하고 있어도 별 효과가 없다.

오슬로에서 북쪽으로 올라가다 보면 북위 67도를 넘어 북극권(북위 66도

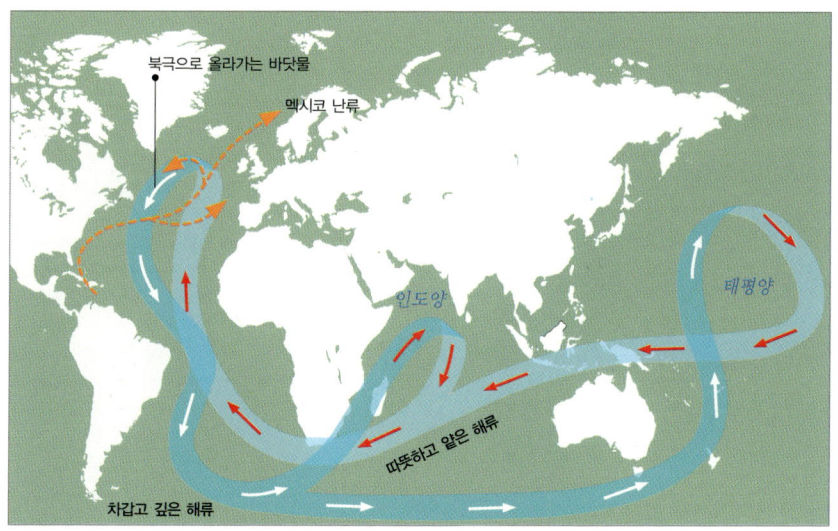

멕시코 난류
남쪽의 따뜻한 바닷물을 북쪽으로 옮겨 주는 멕시코 난류가 노르웨이 근처 바다까지 도달한다.

33분 이북 지역)에 속하는 곳에 '보데'라는 마을이 있다. 북극에 더 가까우니 오슬로보다 훨씬 더 추울 것 같지만 이곳에는 눈도 내리지 않고 바다도 얼지 않는다. 이 마을에서 북쪽으로 더 올라가 북위 68도를 넘는 곳에 있는 '나르비크'라는 항구마을 역시 일년 내내 바다가 얼지 않는다. 같은 위도 상의 베링 해협에는 얼음덩이들이 물 위에 떠서 바다를 하얗게 뒤덮고 선박의 항해를 방해할 때, 이 항구에서는 이웃 나라들로 가는 화물선들이 활발히 운행되고 있는 것이다.

이런 현상이 일어나는 것은 다름 아닌 해류 때문이다. 노르웨이 근처의 바다에는 '멕시코 난류'가 흐른다. 이 해류가 남쪽의 따뜻한 바닷물을 북쪽으로 옮겨 오는 것이다. 그 따뜻한 해수 덕분에 해안가에 있는 보데와 나르비크 등의 도시는 내륙에 있는 도시들보다 기후가 따뜻하다.

멕시코만에서 시작된다고 해서 '멕시코 만류'라고도 하는 이 난류는 멕

노르웨이의 수도 오슬로에 있는 비겔란 조각공원
조각가 비겔란이 40여 년 동안 작업한 수백 점의 화강암 작품과 청동 제품이 전시되어 있다.

시코만의 열대해역에서 시작되어 플로리다 해협을 통과해 캐나다의 뉴펀들랜드 해안으로 북진한다. 그곳에서 방향을 동북쪽으로 바꿔 유럽으로 흘러든다. 플로리다 반도와 북서 유럽의 기온이 따뜻한 이유는 바로 이 해류가 멕시코만의 따뜻한 해수를 옮겨다 주기 때문이다.

북극 근처의 추운 날씨까지 따뜻하게 만드는 것을 보면, 해류의 힘은 정말 대단하다고 할 수 있다. 최근 유럽의 강추위의 원인 중 하나로 멕시코 난류의 움직임이 느려진 것을 들 수 있다.

아이슬란드는 매년 영토가 넓어진다고?

아이슬란드(Iceland)는 말 그대로 '얼음의 나라'이다. 9세기에 처음으로 이 섬에 도착한 노르웨이인들이 어디를 봐도 얼음뿐인 것을 보고 이렇게 이름 붙였다고 한다. 국토의 8분의 1이 빙하로 뒤덮여 있고 연평균 기온 역시 아주 낮다.

그러나 한편으로 이 나라가 빙하와는 완전히 대조되는 '화산의 나라'라는 별명도 갖고 있다면 믿을 수 있을까? 사실이다. 아이슬란드는 화산 활동이 활발하고 지열의 작용도 큰 규모로 이루어진다. 땅 이곳저곳에서 온천이 샘솟아 그것을 수돗물처럼 각 가정에 공급하는 매우 따뜻한 나라이기도 하다. 이는 이 나라가 대서양 중앙 바닥에 있는 해령의 윗부분이 바다 위로 드러나 생긴 섬이기 때문이다. 이런 지형은 지질학적으로 매우 진귀한 지형이다.

'빙하'와 '화산'이라는 완전히 대조되는 자연이 동시에 펼쳐져 있다는 사실이 바로 아이슬란드의 놀랄 만한 점이자 큰 매력이다.

그런데 이 아이슬란드에는 그 외에도 놀랄 만한 일이 또 하나 있으니, 그것은 바로 매년 영토가 넓어지고 있다는 점이다. 이 나라가 접하고 있는 대서양 화산대의 지각 변동으로 땅이 융기하기 때문이다.

아이슬란드의 수도 레이캬비크의 교외에는 싱벨리어 국립공원이 있다. 이곳에는 '갸우(Gja)'라는 대지가 크

아이슬란드의 화산 활동

아이슬란드의 화산들은 길게 갈라진 틈을 따라 아주 묽은 현무암질의 용암이 완만하게 흘러내리는 방식의 화산 폭발이 전형적이다. 그래서 이런 화산 분출을 '아이슬란드식 분화'라고 한다. 그런데 지난 2010년 4월 14일 일어난 에이야프얄라요쿨 화산 폭발은 이와는 다른 방식의 화산 폭발이었다. 화산재가 연기 기둥을 이루어 성층권까지 올라가면서 대규모 화산재를 뿜는 화산 분출이었다. 이런 방식을 '플리니(Pliny)식 분출'이라고 한다. 이때 나온 화산재는 11km 상공 대류권 최상층까지 올라가 편서풍을 타고 유럽 대륙으로 날아간다. 부분적으로는 18~34km까지 올라가서 구름처럼 떠서 이동하기도 한다. 그 결과 유럽 내부는 물론 유럽과 연결되는 전 세계의 비행기 편이 결항되면서 여객과 화물 운송이 최소되는 등 전 세계에 영향을 미친 바 있다.

유라시아 판과 북아메리카 판이 아이슬란드 한가운데에서 만나 서로 반대 방향으로 밀려나는 모습을 그린 그림(왼쪽) 왼쪽 아래에 아이슬란드의 수도 레이캬비크와 싱벨리어 국립공원이 위치해 있다.
갸우(Gja, 오른쪽)
북아메리카 판과 유라시아 판이 만나는 부분으로 이 협곡 사이로 폭포가 떨어져 내리는 풍경은 장관이다.

아이슬란드의 수도 레이캬비크
아이슬란드는 빙하와 화산이 공존하는 신비한 나라이다.

게 벌어진 틈이 있다. 깊이가 10m나 되는 이 틈은 유라시아 판과 북아메리카 판이 만나는 경계이다. 지각 균열로 인해 갈라진 이 틈에서는 지금도 용암이 계속 뿜어져 나오고 있다. 여기서 분출되어 나오는 묽은 현무암질 용암이 물처럼 흐르면서 틈을 양쪽으로 밀어내어 넓히고, 이런 상태에서 용암이 굳으면서 땅이 점점 넓어지고 있는 것이다. 그 결과 이곳을 중심으로 유라시아 판과 북아메리카 판은 매해 1cm씩 서로 반대 방향으로 이동하고 있다. 그와 함께 '갸우'의 폭도 매해 2cm씩 넓어지고 있다. 다시 말해서 아이슬란드의 영토가 해마다 2cm씩 넓어지고 있는 것이다.

비록 얼마 안 되는 작은 면적이지만 수만 년 후에는 아이슬란드 땅이 눈에 띄게 커져 있을지도 모를 일이다.

얼음으로 뒤덮인 그린란드가 '녹색의 나라'라고 불리는 이유?

아이슬란드보다 더 '얼음의 나라'라는 이름에 어울리는 나라가 있다. '녹색의 나라'라는 뜻의 이름을 가진 그린란드가 바로 그 나라이다. 그린란드는 이름과는 전혀 어울리지 않는 곳이다.

1933년 이후로 덴마크의 자치령인 그린란드는 섬 전체 면적의 6분의 5가 북극권에 포함되어 대부분의 땅이 얼음으로 뒤덮여 있기 때문에 농사는 지을 수 없다. 대부분의 땅이 연평균 영하 20℃로 식물이 거의 자랄 수 없기 때문이다. 그래서 주민의 대부분은 어업에 종사하고 있지만, 자급자족하기에는 환경이 너무 척박하다. 본국 덴마크에서 지급되는 보조금 없이는 생활하기 힘든 열악한 곳이다.

온통 얼음으로 뒤덮인 그린란드
아이슬란드보다 더 많은 얼음으로 뒤덮인 나라가 그린란드이다.

그런데 아이슬란드보다 더 얼음의 나라에 가까운 이곳에 왜 녹색의 나라라는 이름이 붙었을까?

그린란드를 처음 발견한 것은 노르웨이의 바이킹인 '붉은 머리 에리크'였다. 노르웨이에서 태어난 에리크는 아버지가 살인을 저지른 탓에 아이슬란드로 옮겨 가 살아야만 했다. 그러나 이번엔 자신이 살인범이 되는 바람에 아이슬란드를 떠나야 했다. 에리크가 아이슬란드에서 추방되어 떠돌다가 발견한 곳이 바로 이 섬, 그린란드였다.

982년 그린란드에 도착한 에리크는 이곳에 정착하기로 결심했다. 하지만 그린란드의 환경은 너무 혹독해 도저히 사람이 살기 어려웠다. 그렇다고 타지에서 외부인들이 이주해 올 것을 기대하기란 더더욱 어려워 보였다.

에리크는 동료들을 불러들여 함께 살고 싶었다. 그렇지만 그린란드가 얼음으로 뒤덮인 곳이라는 사실을 알면 아무도 이주해 오지 않으리라는 것은 너무나 뻔한 일이었다. 그래서 에리크는 사람들의 관심을 끌기 위해 한 가

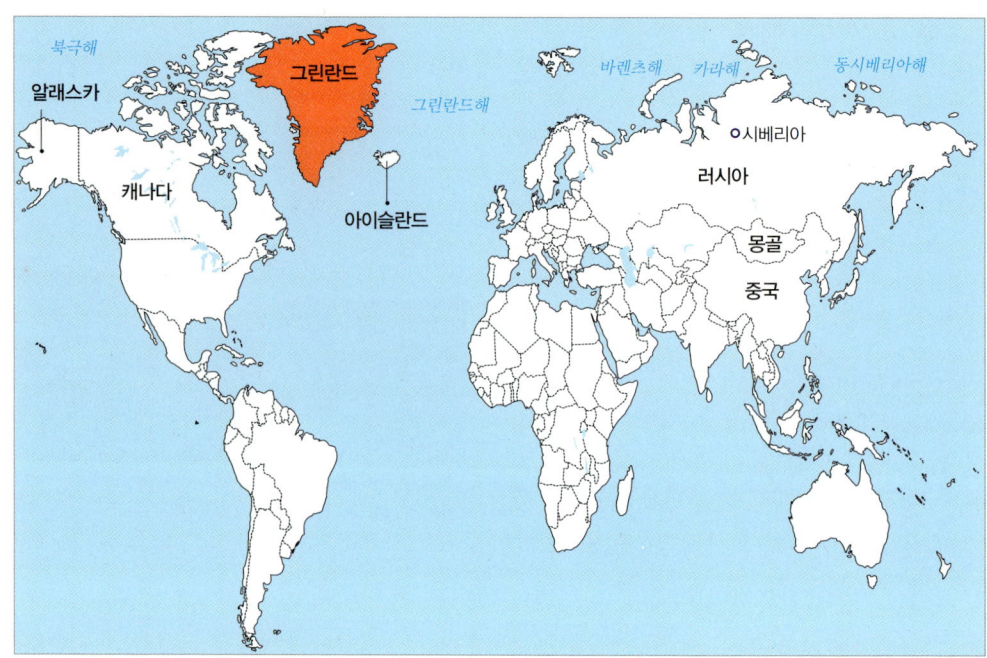

알래스카나 시베리아보다도 더 북쪽에 위치한 그린란드

　　지 작전을 세웠다. 그것은 바로 새로운 토지에 '녹색의 땅'이라는 이름을 붙이는 것이었다. 사람들이 이 새로운 땅을 녹색의 낙원으로 믿게 하려는 것이었다.

　　치사한 방법이었지만 에리크의 작전은 성공을 거두었다. 노르웨이에서 35척의 배가 그린란드로 떠나 그 중 14척이 무사히 그린란드에 도착했던 것이다. 그때, 에리크의 작전에 놀아나 그린란드에 옮겨 왔던 초기 이주자들이 그린란드의 풍경을 보고 과연 어떤 생각을 했을까.

　　하지만 에리크의 노력에도 불구하고 힘겹게 그린란드에 도착했던 사람들은 대부분 돌아갔고, 그 후로 오랫동안 이곳은 죄수들의 유배지로 남아 있었다. 그 이름만이 아직까지 남아 있을 뿐이다.

이탈리아 지도에는 모나코가 둘?

이탈리아어로 쓰인 지도를 보면 '모나코'라고 쓰인 곳이 두 군데나 있다. 당연히 그 중 하나는 지중해 연안에 있는 프랑스 영토 내에 있는 나라, 이탈리아와 아주 가까운 거리에 있는 '모나코 공국'이다. 다른 한 곳은 바로 독일의 뮌헨이다. 이탈리아에서 '모나코'라고 하면 바로 독일의 뮌헨을 말한다.

그러면 어떻게 해서 이탈리아 사람들은 뮌헨을 '모나코'라고 부르게 된 것일까? 그것은 12세기에 바이에른 공 라인리히 사자공이 뮌헨을 독일어로 '빌라 무니헨(수도사의 마을)'이라고 이름 붙인 데서 기인한다. 독일어의 '무니헨'은 원래 수도사를 의미하는 라틴어의 '모나크스'에서 나온 단어이다. 그런데 이탈리아인들은 라틴어에 대한 집착이 매우 강하다. 그래서 라틴어에서 유래한 '무니헨'을 어원인 라틴어의 '모나크스'로 부른 것이다. 이탈리아에서 뮌헨을 가리키는 '모나코'는 바로 이 '모나크스'에서 나온 말이다.

이처럼 나라 이름이나 지명이 현지에서 부르는 이름과 외국에서 부르는 이름, 또는 공식명칭이 다른 경우가 종종 있다. 예를 들어 스페인 사람들은 자기 나라를 '에스파냐'라고 부르지만, 영어권 사람들은 '스페인'이라고 부른다. 또 프랑스 사람들은 네덜란드를 '페이바'라고 부르고 독일 사람들은 프랑스를 '프랑크라이히'라고 부른다.

이탈리아에서도 이와 같은 일을 종종 볼 수 있다. 동계 올림픽 개최지이기도 한 이탈리아의 '토리노'는 영어로는 '튜린'이다. 물의 도시 '베네치아'도 영어로는 '베니스', 현지 방언으로는 '베네시아'라고 부른다.

이탈리아의 왼쪽 지중해에 면하고 있는 프랑스 땅에 모나코가 보인다. 이탈리아의 위쪽 독일 땅에 뮌헨도 있다. 이탈리아어로 된 지도에는 둘 다 '모나코'라고 표시된다.

　　이러한 차이가 때때로 큰 혼란을 일으키기도 하지만, 모나코의 경우처럼 잘 알려진 한 국가의 이름과 혼동하게 되는 경우는 아마도 없을 것이다.

투발루가 국기 모양을 세 번이나 바꾼 이유?

남태평양에 떠 있는 9개의 섬으로 이루어진 나라 투발루는 바닷속의 산호초가 솟아올라 만들어졌기 때문에, 국토의 높이가 매우 낮다. 가장 높은 곳조차 해수면에서 불과 2~3m밖에 떨어져 있지 않을 정도이다. 실제로 투발루는 '세계에서 가장 낮은 섬'이라는 별명을 가지고 있다. 또한 투발루는 국토 면적도 좁아서 바티칸 시국, 모나코 공국, 나우루에 이어 세계에서 4번째로 작은 나라이기도 하다. 9개 섬 중 투발루의 수도인 푸나푸티 섬의 면적은 대략 2.4만km² 정도밖에 되지 않는다. 그런데 이렇게 좁은 면적에 4,500여 명의 투발루 사람들 대부분이 모여 살고 있기 때문에, 푸나푸티 섬의 인구밀도는 엄청나게 높다.

이처럼 작고 혼잡한 나라 투발루는 1978년에 영국연방의 하나로 독립했다. 그런데 그 후 불과 30여 년밖에 안 되는 짧은 기간 동안 세 번이나 국기 모양을 바꾸었다. 도대체 어떻게 된 일일까?

투발루는 처음에 영국연방의 한 국가로 영국의 식민지배에서 독립했다. 그 때문에 초기에는 영국 국기인 유니온 잭을 좌측 상단에 배치하고 섬의 수만큼 별을 그려 넣은 국기를 사용했다. 그러나 1995년에 투발루의 국

항공사진으로 본 산호섬 투발루
좁고 기다란 활 모양의 투발루는 파도로부터 취약하고 해발 고도도 점점 낮아지고 있다.

Chapter 10 _ 유럽 대륙의 미스터리 • 199

파푸아뉴기니 오른쪽에 아홉 개의 섬으로 이루어진 투발루가 있다.

투발루 국기

기에서 유니온 잭이 빠졌다. 그것은 연방 본국인 영국에 대한 시위의 의미였다.

지구 온난화로 해수면 수위가 높아지자 원래 지면이 낮은 투발루는 국토가 바닷물에 잠길 위기에 처하게 되었다. 그런데도 본국인 영국은 재정난을 이유로 지원을 거부했다. 그러자 투발루 정부는 영국에 대한 항의의 뜻으로 국기에서 유니온 잭을 빼 버렸던 것이다. 그러다가 1997년에 온건파가 정권을 잡았고 영국과의 관계도 다시 양호해졌다. 그래서 국기에 다시 유니온 잭을 사용하게 되었다. 국기의 하늘색 바탕은 섬을 둘러싼 열대해를 나타내고 아홉 개의 노란 별은 투발루를 이루는 아홉 개의 섬을 지도상의 실제 위치를 본떠 배치한 것이다.

스페인과 프랑스 국경 지대에 별스런 민족이 있다?

스페인과 프랑스 국경 지대에 사는 바스크인들을 아는가? 인종적으로도 문화적으로도 주변의 스페인이나 프랑스와 전혀 다른 이들은 오랫동안 자신들의 전통과 문화를 지키며 민족의 독자성을 유지하고 있다. 바스크인들이 쓰는 바스크어는 스페인어나 프랑스어는 물론, 유럽의 어느 언어와도 전혀 다르다. 좋아하는 스포츠도 달라서, 축구에 열광하는 스페인이나 프랑스인들과 달리 바스크인들은 테니스나 스쿼시와 닮은 페로타 바스커라는 스포츠를 즐긴다.

역사적으로 바스크인들은 다른 유럽인들에 비해 독립심이 굉장히 강한 민족이었다. 기원전 3세기에는 로마인이, 8세기에는 이슬람교도가 그들을 정복하려 했지만 바스크인은 그 어느 쪽에도 굴복하지 않고 자유를 지켜 왔다. 18세기부터는 일부 주민들이 바스크어를 사용하고 독자적인 문화를 고수하는 등 민족주의 성향을 띠기 시작했다. 하지만 이들도 20세기에 들

바스크 민속춤
강강술래를 하듯 남녀가 손을 잡고 돌면서 민속음악에 맞춰서 경쾌하게 춤을 춘다.

스페인과 프랑스 국경 지대에 위치한 바스크

어와 스페인의 독재자 프랑코 장군의 박해를 받아 바스크어를 쓸 수 없게 되면서 위기를 맞기도 했다. 그러나 이때에도 바스크인들은 탄압에 지지 않고 대항함으로써 민족의식을 더욱 고취시켰다.

그렇다면 주변과 별로 공통점이 없는 이들 바스크인은 도대체 어디서 온 것일까?

바스크인의 기원에 대해 확실히 밝혀진 바는 없지만, 이들을 크로마뇽

인의 후예로 보는 견해도 있다. 크로마뇽인은 구석기시대 후반에 스페인과 프랑스 지방에 살던 인종으로, 동굴벽화를 남긴 것으로 유명하다. 그런데 크로마뇽인의 것과 비슷한 동굴벽화가 바스크 지방에도 남아 있기 때문에 크로마뇽인이 진화해 바스크인이 됐다는 학설이 근거를 가지는 것이다.

물론 이 학설에 대해서는 학자들 간에 이견이 있어서, 아직 학계에서 정설로 받아들여지지 않고 있다.

바티칸은 가장 작으면서 가장 큰 나라?

이탈리아의 수도 로마 시내에 위치한 로마 가톨릭의 총본산인 바티칸 시국. 벽으로 둘러싸인 영토로 이루어져 있는 독립 도시국가이다. 국토의 면적은 0.44km²밖에 되지 않고 인구도 약 900명에 불과하다. 영토의 크기와 인구로 보면 전 세계에서 가장 작은 나라이다.

하지만 교황이 통치하는 전 세계 유일한 신권국가인 바티칸 시국은 11억 명이 훨씬 넘는 전 세계 가톨릭 신자들의 마음의 고향이므로, 전 세계에서 가장 큰 나라라고 해도 무방하다.

그런데 이렇게 작은 나라가 도대체 어떻게 성립하고 있는 것일까? 그것은 가톨릭 국가인 이탈리아가 바티칸 시국의 주권을 인정하고 있기 때문이다.

세계에서 가장 작은 나라 바티칸은 국기도 독특하다. 일반적인 국기들이 직사각형의 형태를 하고 있는 데 비해 바티칸 시국의 국기는 정사각형이다. 국기인 동시에 교황기이기도 하다.

로마 교황이 처음으로 주권을 갖게 된 것은 754년이었다. 프랑크 왕국의 왕 피핀이 로마 교황에게 영토를 헌납함으로써 교황령이 성립되었을 때이다. 교황령이 성립한 후 로마 교황령은 확대와 축소를 되풀이했다. 교황령이 최대로 확장된 것은 17세기, 교황 우르바노 8세 때였다. 그 당시 교황령은 전 이

로마 시내에 자리 잡고 있는 바티칸 시티
한 번에 30만 명을 수용할 수 있는 성 베드로 광장 앞 도로 위에 그어진 흰색 선이 이탈리아와 바티칸을 구분 짓는 국경이다.

탈리아 반도의 4분의 1을 차지할 정도로 강대한 세력으로 성장했다. 당시 교황령의 권위와 세력은 지금의 바티칸 시국과는 비교가 되지 않았다.

18세기가 되자 종교개혁과 근대과학의 발달로 로마 가톨릭 세력은 점차 약화되었다. 19세기에는 그 세력이 더욱 약해져 이탈리아 반도에는 교황령 외에 시칠리아 왕국과 사르데냐 왕국이 세워져 서로 세력을 다투게 되었다. 이 당시 교황청은 이미 세력이 상당히 약해져 있었다. 대부분의 영토는 1860년 이탈리아에 강제로 합병되었고 1870년에는 로마와 더불어 남은 지역들도 모두 이탈리아에 합병되기에 이르렀다. 이탈리아 반도를 통일한 것은 사르데냐 왕국이었다.

바티칸 시국은 그 후 1929년 라테란 조약에 의해 새롭게 세워졌다. 이탈리아와 바티칸 사이에 라테란 협정이 체결되면서 바티칸 시국이 성립되어 교황령은 통치권, 주권, 중립권을 가진 정식 국가가 된 것이다.

그 땅에 살고 있는 국민의 수는 비록 얼마 되지 않지만, 그곳을 제 나라

로 여기는 사람들은 엄청나게 많은 말 그대로 '작은 거인'이라고 할 수 있는 나라가 바로 바티칸이다.

몰타 기사단국, 빌딩 한 채가 나라 땅 전부?

몰타 기사단국의 상징기
이탈리아어로 'Sovrano Militare Ordine Ospedaliero di San Giovanni di Gerusabemme di Rodi e di Malta'라는 긴 이름을 가진 몰타 기사단은 이탈리아를 비롯한 주변 기독교 국가들과 이집트, 타이 등의 국가들로부터 한 나라로 인정받고 있다.

나라가 성립하기 위해 꼭 있어야 할 세 가지는 영토, 주권, 국민이라고 교과서에서 배운 바 있다. 그런데 이 세상에는 영토를 갖고 있지 않은 나라도 있다!

그곳은 바로 '예루살렘 로도스 몰타 성 요한 병원 독립 기사수도회', 통칭 '몰타 기사단국'이라고 불리는 아주 작은 나라이다. 물론 남유럽에 있는 섬나라 몰타와는 전혀 상관없는 다른 나라이니, 헷갈리지 않도록 주의하시라.

몰타 기사단국의 '거점'은 이탈리아의 로마에 있는 왕궁과 빌딩 한 채뿐이다. 그 빌딩이 서 있는 땅이 이탈리아 땅이기 때문에 영토라고 할 수도 없어서, '거점'이라고 표현한다.

그러나 몰타 기사단국의 거점 부지 내에서는 외교특권이 인정된다. 그래서 몰타 기사단국은 그 안에서 독자적인 우표와 금화, 여권 등을 발행하고 있다. 이뿐만 아니라 몰타 기사단국은 놀랍게도 세계 90여 개국과 외교를 벌이며 독립된 국가로 인정받고 있으며 국제연합(UN)에도 옵서버로 참가하고 있다. UN 옵서버는 정식 의결권은 갖고 있지 않으나 회의에 참석해 활동할 수는 있다.

이처럼 영토도 없는 작은 집단이 어떻게 해서 세계 여러 나라로부터 국가로 인정받게 되었을까?

몰타 기사단의 기원은 중세의 십자군 원정 때까지 거슬러 올라간다. 원래 예루살렘 근처에는 교황의 명령에 따라 기독교도들을 위한 병원을 짓고 구호 활동을 하던 사람들이 있었다. 거기에 십자군 원정에 참가했던 기사들이 합류하면서

로마에 있는 몰타 기사단국의 왕궁 건물 내부
남의 나라 즉, 이탈리아 땅에 있는 이 건물 한 채가 성 요한 기사단의 거점 전부이다.

이들은 군사적인 조직으로 변모했고, 교황으로부터 성 요한 기사단이라고 정식으로 인정받게 된 것이다. 성 요한 기사단은 십자군의 전사로서 각지에서 이교도와 싸웠다.

그러나 십자군의 힘겨운 싸움에도 불구하고 예루살렘을 이슬람교도에게 빼앗기고 말았다. 이때 유럽으로 후퇴했던 다른 기사단들과 달리, 성 요한 기사단은 지중해의 키프로스 섬으로 피신했다. 그리고 그 후 거점을 로도스 섬으로 옮겼다.

몰타 기사단국에서 2011년 발행한 우표

15세기 중엽, 오스만 투르크의 세력이 더욱 강성해지고 로도스 섬이 이슬람 세력권에 편입되자, 성 요한 기사단은 로도스 섬에서도 쫓겨나게 되었다. 그때 갈 곳이 없어진 성 요한 기사단과 손을 잡은 이가 바로 스페인 국왕 카를로스 5세였다.

카를로스 5세는 성 요한 기사단에게 북아프리카의 해적들을 소탕하게 할 목적으로 몰타 섬을 내 주었고 그 대신 섬의 경비를 맡겼다. 이렇게 해서

이탈리아 로마에 위치한 몰타 기사단과 프랑스 남부 지중해에 위치한 모나코는 도시 국가이다.

성 요한 기사단은 '몰타 기사단'이라고 불리게 된 것이다.

그러나 그 행복한 시간도 오래가지 못했다. 이번에는 나폴레옹의 세력에 밀려 성 요한 기사단은 몰타 섬에서도 쫓겨나 영토를 잃고 말았다.

기사단은 1834년 로마에 정착했고, 그 후로는 군사적인 역할이 아닌 인도주의적 역할만 하게 되었다. 지금은 남의 나라 땅에 있는 빌딩 한 채가 성 요한 기사단의 거점의 전부이다. 그러나 성 요한 기사단에는 아직도 만 명이 훨씬 넘는 단원들이 있다. 그들은 세계에서 가장 작지만 독립국의 일원이라는 자긍심을 가지고 세계 각지에서 병원 경영과 의료 활동에 매진하고 있다.

부자들이 좋아하는 화려한 나라 '모나코 공국'

유럽에는 '공국' 혹은 '대공국'이라고 불리는 작은 나라들이 4곳 있다. 모나코, 리히텐슈타인, 룩셈부르크, 안도라가 바로 그런 나라들이다.

이 나라들의 공통점은 모두 과거에는 '공작'이라고 불리던 귀족의 영토였다는 점이다. 공작들이 다스리던 영토가 독립국이 되었기 때문에 '공국'이라는 이름이 붙은 것이다.

이 공국들은 나라도 작고 국력도 약해 주로 주변 강대국의 지배를 받아 왔다. 그렇지만 그런 어려운 환경 속에서도 독자적인 산업을 발전시켜 독립국으로서의 힘을 키워 온 나라들이다. 그 중에서도 모나코 공국은 유럽에서도 손꼽히는 관광지인 동시에 F1 레이스가 열리는 곳으로 유명하다.

아름답고 작은 나라 모나코 공국
바다에 면한 항구와 요트들이 인상적이다.

모나코 공국은 프랑스 영토로 둘러싸여 있기 때문에 국방과 통화, 관세 등 거의 모든 국가 업무를 프랑스가 맡고 있다. 대공이 즉위하는 데에도 프랑스의 승인이 필요하다. 말하자면 프랑스의 식민지나 마찬가지인 셈이다.

이런 조건에서 살아남기 위해 모나코는 카지노를 세우고 관광 수입을 확충하기 위해 노력했다. 모나코 공국은 카지노 외에, 온천 리조트, 고급 호텔 등 화려한 시설을 갖추고 대공이 직접 이벤트를 주최하는 등 사람들의 흥미를 끌어 관광객을 불러 모았다. 그리고 그 결과 세계적인 관광지로 우뚝 서게 되었다. 모나코 공국은 대공이 미국의 여배우 그레이스 켈리와 결혼함으로써 화제를 뿌리기도 했다.

지중해는 지구 여기저기에 있다?

'지중해'라고 하면 누구나 유럽과 아프리카, 아시아에 둘러싸인 그 지중해를 떠올린다. 코트다쥐르 해안, 에게해, 올리브 나무. 우리가 흔히 알고 있는 지중해는 여름에는 지내기 좋고 겨울에는 따뜻한, 에메랄드 그린 빛의 남쪽 바다이다.

그러나 사실 지중해는 고유명사가 아닌 보통명사이다. 지중해의 정의는 '대륙에 둘러싸인 부속해로서 대양과는 해협으로 연결되는 바다'이다. 즉 대륙과 대륙 사이에 끼어 있는 바다는 전부 지중해라고 할 수 있다. 지중해는 하나만이 아닌 것이다.

우리가 흔히 지중해라고 부르는 곳은 세계에 있는 8개의 지중해 중 하나

북아메리카 대륙, 그린란드, 유라시아 대륙에 둘러싸여 있는 지중해인 북극해

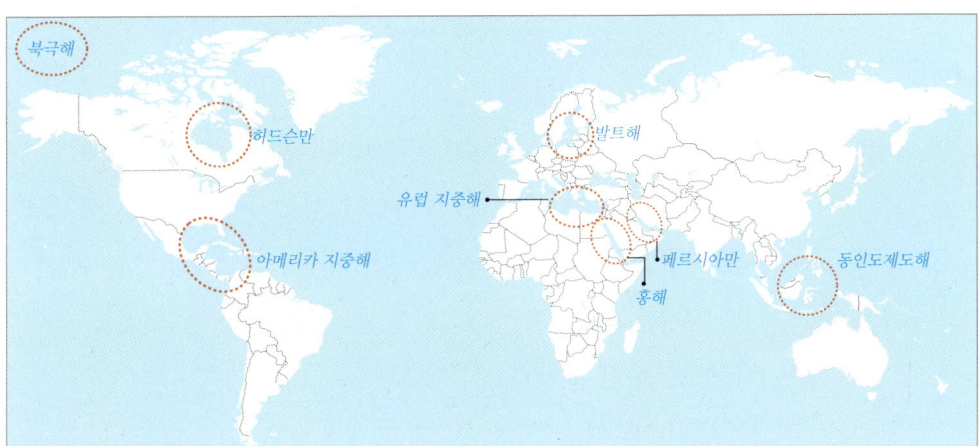

세계에 있는 8개의 지중해
북극해에 이어 아메리카 대륙과 유럽 대륙, 아시아 대륙과 오스트레일리아 사이에 6개의 지중해가 있다. 캐나다의 4개 주로 둘러싸인 허드슨만, 미국·멕시코·쿠바에 둘러싸인 아메리카 지중해, 북유럽의 6개국에 둘러싸인 발트해, 아라비아 반도와 이란에 둘러싸여 아라비아 해협으로 흐르는 페르시아만, 동남아시아와 오스트레일리아 대륙 사이에 위치한 인도네시아를 중심으로한 동인도제도해 이 모두가 지중해이다.

Chapter 10 _ 유럽 대륙의 미스터리 • 209

로 '유럽의 지중해'이다. 그렇다면 또 다른 지중해는 어디에 있을까? 면적이 큰 순서대로 말하자면 북극해, 오스트레일리아와 아시아 사이의 지중해, 아메리카 지중해, 흑해를 포함한 유럽의 지중해, 허드슨만, 홍해, 발트해, 페르시아만 등이 해당한다. 유럽의 지중해는 면적으로 따지면 세계에서 4번째에 해당하는 지중해이다.

가장 면적이 넓은 북극해에 대해서는 '대륙에 둘러싸인 바다'라는 점이 잘 이해가 안 될지도 모른다. 메르카토르 도법에 따른 옆으로 긴 지도 상에서는 북극해는 동서로 넓게 펼쳐져 있다. 그래서 도저히 내해(內海)로는 보이지 않기 때문이다. 그러나 북극을 중심으로 본다면 북극해가 북아메리카 대륙, 그린란드, 유라시아 대륙에 둘러싸여 있다는 사실을 잘 알 수 있다.

유럽의 산과 강 이름은 모두 켈트인이 지었다?

스위스 중부 지방에서 시작되어 독일과 네덜란드를 거쳐 북해로 흘러드는 중부 유럽의 큰 강인 라인강, 유럽에서 두 번째로 긴 강인 도나우강, 프랑스의 센강, 영국의 템스강. 이 강들의 공통점은 무엇일까? 바로 한때 유럽을 휩쓸었던 켈트족의 말로 된 이름이라는 점이다. '라인'강은 켈트어로 '하천'을 뜻하고, '도나우'는 '흐르는 곳'을 의미한다.

강 이름만이 아니다. 알프스 산맥과 피레네 산맥, 이탈리아의 아펜니노 산맥의 이름도 모두 켈트족이 사용했던 이름이다. '알프스'와 '피레네'는 '봉우리'를 의미하고 '아펜니노'는 '언덕'을 뜻한다.

산과 강의 이름뿐만 아니라 지명에서도 켈트족의 흔적을 발견할 수 있다. 프랑스의 '파리'와 '리옹', 영국의 '에든버러'와 '스코틀랜드', 이탈리아의 '밀라노', 스위스의 '쥬네브', 터키의 '앙카라' 등도 모두 켈트족의 말에서 유래했다. 터키의 '앙카라'는 '숙박지'라는 뜻이고, '스코틀랜드'는 원래 '약탈자의 토지'라는 의미였다.

철문(Iron Gate)
세르비아와 루마니아의 경계에 있는 도나우 강의 협곡이다.

켈트인들은 특정한 민족이나 나라를 이루지는 않았지만 공통의 관습과 언어를 가지고 살면서 유럽 전체에 독특한 문화를 남긴 사람들이다. 오래 전부터 유럽 대부분의 지역에 퍼져 살았고, 전성기 때는 서쪽의 아일랜드에서부터 알프스 산맥을 거쳐 동쪽의 소아시아에 이르기까지 유럽의 대부분을 지배하기도 했다. 그러다가 게르만과 로마의 공격을 받고 쫓겨나 바다 건너 아일랜드로 옮겨 가게 되었다.

그 결과 오늘날 켈트족의 문화와 종교는 아일랜드와 웨일스 지방에서만 그 명맥이 유지되고 있다. 하지만 그들이 유럽 본토에 미친 영향은 그들이 남긴 수많은 이름들과 철기시대의 유물을 통해 살펴볼 수 있다.

chapter 11

아메리카 대륙의 미스터리

The Story of the World Map and Geography

베링 해협의 형제 섬이 각기 다른 나라에 속한다고?

● 　　유라시아 대륙과 북미 대륙 사이에 가로놓인 태평양의 최북단에 베링 해협이 있다. 폭 85km의 베링 해협 서쪽으로는 러시아의 데지네프 곶이 튀어나와 있고 동쪽으로는 알래스카의 웨일스 곶이 마주 보고 있어서, 마치 러시아와 미국이 서로 마주 보고 대치하는 것처럼 보이기도 한다. 그 사이에 두 개의 섬이 놓여 있다. 서쪽에 있는 큰 섬이 대(大) 다이오미드 섬이고, 동쪽에 있는 작은 섬이 소(小) 다이오미드 섬이다.

　마치 형제처럼 이름도 비슷하지만 놀랍게도 두 섬은 각기 다른 나라, 다른 시간권에 속한다. 두 섬 사이에는 국경이 있어서 큰 섬은 러시아령, 작은 섬은 미국령이다. 날짜 변경선 역시 두 섬 사이에 남북으로 똑바로 그어져 있어서, 똑같이 해가 중천에 떠도 한쪽은 오늘 아침, 다른 쪽은 아직도 어제가 된다. 냉전시대에는 동서 냉전의 대표국들인 소련과 미국의 접점답게 섬 상공의 사진 촬영은 물론 비행 자체가 금지되어 있었다. 그러다가 냉전시대가 종식되면서 두 섬도 해빙기를 맞았다.

　최근에는 이 두 섬을 이용해서 베링 해협에 해저 터널을 건설하자는 프로젝트가 구체화되고 있다. 2009년에는 국제공모전을 열어 콜롬비아 팀의

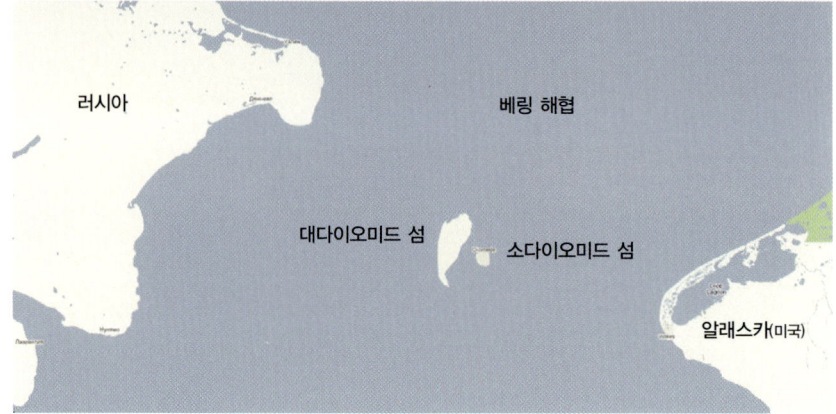

베링 해협에 위치한 형제 섬
최근 이 두 섬을 이용해 베링 해협에 해저 터널을 건설하자는 계획이 진행 중이다.

'다이오미드 군도'라는 작품을 베링 해협 해저 터널 가상 설계도로 뽑기도 했다.

실제로 이 해저 터널이 완성되고 터널 양쪽으로 러시아와 미국에서 철도를 연결해 건설한다면, 말 그대로 전 세계가 하루 생활권으로 연결될 수 있을지도 모를 일이다. 이뿐만 아니라 과거 냉전의 당사자였던 미국과 러시아가 직접 연결된다는 점에서 진정한 의미의 냉전 종식이 이루어진다는 상징적 의미도 만만치 않다.

하지만 실제 해저 터널 건설을 위해서는 기술적·경제적으로 해결해야 할 문제가 적지 않으니 그 결과를 두고 볼 일이다.

라틴아메리카 자전거 여행이 한 남자의 일생을 바꾸다?

민주주의의 고향이라고 할 수 있는 미국 바로 옆에 여전히 엄격한 사회주의를 고수하고 있는 나라 쿠바가 있다.

그런데 이 쿠바에서 카스트로와 함께 사회주의 혁명을 지도한 체 게바라는 쿠바인이 아니라 아르헨티나인이었다. 그런데 쿠바인도 아닌 사람이, 그것도 고국인 아르헨티나에서 명문가에 태어나 의학박사 학위까지 취득한 엘리트였던 체 게바라는 어떻게 해서 남의 나라 혁명에 뛰어들게 되었을까?

체 게바라의 인생을 바꾸게 된 계기는 바로 칠레, 페루, 콜롬비아, 베네수엘라를 모터사이클로 일주했던 라틴아메리카 종단 여행이었다. 당시 23세의 대학생이었던 체 게바라는 친구인 29세의 생화학자 알베르토 그라나도와 둘이서 라틴아메리카를 모터사이클을 타고 여행하고 있었다. 그리고 그곳에서 체 게바라는 백인들에게 착취당하는 빈곤한 사람들의 모습을 보게 되었다. 그때의 그 경험을 계기로 체 게바라는 이상적인 사회를 만들기 위해 사회주의에 헌신하게 되었던 것이다. 이 모든 것은 모터사이클 여행에서부터 시작된 것이었다.

이 모터사이클 여행을 중심으로 한 체 게바라에 관한 영화 '모터사이클 다이어리'가 2004년에 개봉된 후로는 그의 대륙 종단 여행 루트를 따라 여행을 하려는 많은 사람들이 전 세계에서 남미로 몰려들었다고 한다.
참고로 체 게바라의 본명은 '에르네스토 게바라'이다. '체'는 그의 입버릇 때문에 붙은 별명이다.

남미에 빙하가 자라고 있다고?

브라질, 아르헨티나, 칠레 등 마냥 더울 것만 같은 남미에 빙하가 있다고 생각할 수 있을까. 그것도 계속 자라고 있는 빙하가 있다면?

알래스카나 그린란드 같은 북반구 북쪽 끝의 추운 땅이 아닌 남반구에도 남극에 가까운 고위도 지방에는 일년 내내 빙하로 뒤덮인 곳이 있다. 아르헨티나 남부 파타고니아 지방 안데스 산맥 동쪽 기슭에 있는 페리토모레노 빙하는 남미의 가장 남쪽에 위치한 아름다운 빙하이다. 그 폭이 5km, 높이가 80m에 이르는 이 빙하의 길이는 35km나 되어 안데스 산 속 칠레 국경에까지 뻗어 있다고 한다. 페리토모레노 빙하는 아르헨티나의 빙하 국립공원에 있는 300여 개의 빙하 중에 가장 아름답고 가까이에서 볼 수 있는 빙하이기도 하다. 그런데 이 페리토모레노 빙하는 그 크기가 일정하지 않고 날마다 성장하고 있다! 빙하는 하루에 최대 2m, 일 년에 700m가량 팽창하고 있어서 '하얀 거인'이라는 별명까지 붙었다.

아르헨티나 가장 아래쪽에 페리토모레노 국립공원이 있다.

겨우내 아르헨티나 호수의 기슭 가까이까지 밀려오듯 성장한 빙하는 봄이 되면 무너져 호수에 떨어진다. 빌딩 크기만 한 큰 얼음덩어리가 햇빛을 받아 반짝이면서 천둥 같은 굉음과 함께 무너져 내리는 광경은 경이롭기까지 하다. 겨울에서 봄으로 이어지는 이 해빙 시즌에는 빙하가 연출하

봄꽃과 어우러진 빙하의 풍경이 경이롭기까지 하다.

는 장엄하고 아름다운 광경을 구경하기 위해 몰려든 사람들로 북적인다.

지구 온난화로 인해 빙하가 녹아내리고 전 세계의 수면이 상승하고 있는데도 불구하고, 이곳의 빙하만은 점점 커지고 있는 것은 도대체 왜일까?

그 이유는 아직 확실하게 밝혀지지 않고 있다. 하지만 일년 내내 비가 많이 오는 이 지역의 기후로 인한 것이 아닐까 하는 추측이 힘을 얻고 있다.

알래스카, 러시아가 미국에 판 보배라고?

미국의 주 가운데 가장 면적이 큰 주는 미국 본토에서 뚝 떨어져 있는 알래스카이다. 지리적으로 본토에서 멀리 떨어져 있을 뿐만 아니

북극해에 접하고 있는 얼음덩어리 땅 알래스카가 천연 자원의 보고일 줄 1856년 당시에는 아무도 몰랐다.

라 오히려 유라시아 대륙 쪽에 더 가까운 알래스카는 원래 러시아 영토였다. 덴마크인 항해가 베링(Vitus Jonassen Bering)이 러시아 해군에게 임무를 받아 이곳에 상륙한 1741년부터 이곳은 러시아 영토였다.

알래스카 개발에 그다지 큰 성과를 내지 못하고 있던 러시아는 1856년 크림 전쟁에 패하면서 막대한 보상금이 필요하게 되자 알래스카를 팔아 보상금을 마련하기로 결정했다. 덩치는 크지만 얼음과 눈으로만 뒤덮인 땅은 그다지 가치가 있어 보이지 않았던 것이다.

미국에 땅을 살 것을 제안했지만 미국 역시 별 쓸모없어 보이는 땅에 큰 돈을 지불하는 것이 썩 내키지는 않았다. 하지만 러시아 측의 매수 공작에

얼음과 눈으로 뒤덮인 땅 알래스카
눈과 빙하, 연어와 개썰매 등이 함께 있어 다양한 모험을 즐길 수 있는 곳이다.

넘어가 7백만 달러를 넘게 지불하고 1867년에 땅을 구입하고 말았다. 이 결정에 대해 미국의 여론은 상당히 비판적이었다. 매입 교섭을 했던 당시 국무장관 윌리엄 스워드(William Seward)에게 야유를 퍼부으며 거대한 얼음 덩이를 사는 데 돈을 낭비했다고 비난했다. 알래스카를 '스워드의 거대한 냉장고'라고 부르기까지 했다.

하지만 누가 알았으랴. 그로부터 30년도 지나지 않아 알래스카에서 큰 금광이 발견될 줄······. 그 후 금광뿐만 아니라 유전과 천연 가스도 발견되었고, 어업 자원과 삼림 자원 역시 아주 풍부하다는 사실이 널리 알려졌다. 특히 노스슬로프에서 발견된 유전은 원유 매장량이 96억 배럴에 달하는 엄청난 대유전이었다.

아마도 러시아는 그 엄청난 보배를 헐값에 미국에 넘긴 것을 두고두고 배 아파하고 있을 것이다.

포 코너즈, 한 번에 네 개의 주를 방문할 수 있는 곳?

한국에서라면 북쪽 끝에서 남쪽 끝까지 가는 데 몇 시간 걸리지 않는다. 요즘은 편리한 KTX 덕분에 서울에서 부산까지 가는 데 3시간이면 충분하다.

하지만 광대한 국토를 가진 미국에서는 한 주에서 인접한 다른 주로 이동하는 일도 결코 쉽지 않다. 심지어는 한 주 안에서 여행하는 데에도 많은 시간이 걸린다. 캘리포니아주의 경우 땅이 남북으로 1,300km나 길게 뻗어 있어 남쪽 국경에서 북쪽 국경에 도달하는 데만도 여러 시간이 필요하다.

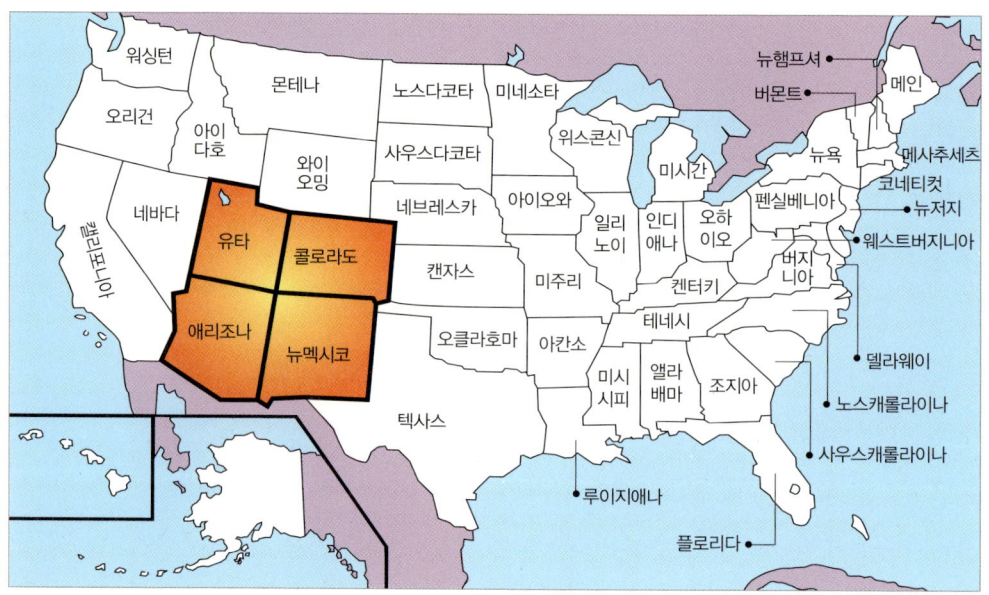

4개 주가 교차하는 포 코너즈
포 코너즈는 애리조나주, 유타주, 콜로라도주, 뉴멕시코주의 경계가 교차하는 지점에 있다.

기념비
네 개의 주가 교차하는 지점을 기념해 포 코너즈에 세운 기념비

그런데 한 장소에서 여러 개의 주로 이동할 수 있다면 얼마나 편리할까. 미국에는 네 개의 주를 한 번에 여행할 수 있는 방법이 있다! 그 방법이란 바로 포 코너즈(Four Cotners)에 가기만 하면 된다.

'포 코너즈'란 미국의 남서부에 애리조나주, 유타주, 콜로라도주, 뉴멕시코주가 교차하는 지점을 말한다. 각 주의 경계선이 직선으로 되어 있는 미국에서만 볼 수 있는 특징이기는 하지만, 넓은 미국 내에서도 4개 주의 경계가 교차하는 곳은 이곳뿐이다. 이곳에 가면 기념비도 서 있다. 이곳에 가서 서기만 해도 4개 주에 발을 걸치는 셈이 되니, 과연 최단시간에 가장 간편한 방식으로 네 개의 주를 방문하는 방법이라 할 만하다.

꼭 네 개 주를 동시에 방문하고 싶지 않더라도, 포 코너즈는 방문할 만한 가치가 있는 곳이다. '포 코너즈'는 미국 최대의 북아메리카 원주민 자치구인 '나바호 랜드'에 있다. 그 근처에는 그랜드캐니언도 있으니 꼭 한번 방문해 보시길.

미국에서도 유럽의 거리를 걸을 수 있다?

미국의 역사는 17세기 메이플라워 호를 타고 영국을 떠나 미국 동부에 도착한 필그림들과 함께 시작되었다. 그 후 미국은 1776년 영국과의 전쟁에서 승리하면서 독립국가가 되었고, 그 기세를 몰아 북아메리카 대륙 내의 스페인, 프랑스 등 다른 식민지도 빼앗아 자국에 편입시켰다. 현재 미국의 광대한 영토는 영국의 식민지에 다른 유럽 국가들의 식민지를 더해 가면서 만들어진 것이다.

미국의 지명들을 살펴보면 미국의 기원과 역사가 잘 드러난다.

미국의 메인주, 버몬트주, 뉴햄프셔주를 비롯한 인근 6개 주는 뉴잉글랜드 지방이라고 불린다. 문자 그대로 '새로운 잉글랜드'라는 뜻이다. 이곳은 유럽으로부터 초기 정착민이 가장 먼저 도착한 지역이다. 그 지명에서는 신천지에도 조국과 같이 훌륭한 나라를 세우고자 했던 초기 정착민의 의지가 느껴진다. 지구 반대편 유럽에서 먼 바닷길을 통해 북아메리카 대륙으로 건너온 초기 정착민들은 돌아갈 수 없는 고향에 대한 그리움이 컸다. 그들은 떠나온 고향의 지명과 똑같은 지명을 자기들이 사는 곳에 붙인 것이다. 도버, 포츠머스, 뉴런던의 지명도 영국에서 유래했다.

뉴올리언스 하부의 미시시피강
전체 길이가 6270km에 이르는 긴 강으로 아메리카 원주민인 오지브웨이족의 말에서 온 이름이다.

플로리다주와 캘리포니아주는 스페인의 지명에서 유래한 것이 많다. 플로리다는 '꽃 축제'라는 뜻의 스페인어 '파스쿠아 플로리다'에서, 로스앤젤레스는 '천사'라는 뜻의 스페인어 '안젤루스'에서 따온 것이다. 루이지애나주와 버몬트주는 프랑스의 지명에서 유래했다. 루이지애나의 '루이'는 프랑스 루이 14세의 이름에서 따왔다. 각 지역이 원래 어느 나라의 식민지였는지를 잘 알 수 있다.

뉴욕은 원래 네덜란드의 식민지였기 때문에 네덜란드의 수도 암스테르담을 따서 '뉴암스테르담', 즉 '새로운 암스테르담'이라고 불렀다. 그러던 것이 후에 제임스 2세가 된 요크 경이 찰스 2세에게서 이곳을 물려받았다고 해서 '새로운 요크'라는 뜻의 뉴욕으로 바뀌었다. 그 밖에도 뉴욕주에는 로마, 오하이오주에는 아테네, 아이다호주에는 모스코바라는 지명도 있다.

그런가 하면 북아메리카 원주민이 쓰던 이름을 그대로 쓰는 경우도 있다. 바로 미시시피강이 그렇다. 미시시피란 북아메리카 원주민 말로 '위대한 물줄기'란 의미이다. 원주민 역시 미국 역사와 사회의 한 부분임을 잘 말해 주고 있다.

이처럼 지명에서도 다양한 민족과 국가의 흔적을 엿볼 수 있는 미국은 과연 '인종의 도가니'라 할 만하다.

캐나다 오카에서 일어난 소수민의 투쟁?

영국계가 주축인 캐나다 사회에서 프랑스계 캐나다인들은 소수민에 속한다. 캐나다 전체에 사는 프랑스계 주민 650만 명 중 85%가량이 퀘벡주에 모여 프랑스어를 쓰면서 살고 있다.

프랑스계 캐나다인들은 오랫 동안 소수민으로 참고 살았으나 1960년 이후 민족주의가 일어나면서 1977년에는 프랑스어 헌장에 모든 기업이 프랑스어를 함께 사용할 것을 요구하는 등 캐나다 연방에서 독립하고자 했다.

이처럼 독립운동으로 떠들썩한 와중에 퀘벡주에 또 하나의 투쟁이 일어났다. 캐나다 원주민인 모호크족이 무장봉기한 '오카의 투쟁' 이 바로 그것이다.

몬트리올에서 서쪽으로 50km 떨어진 곳에 있는 작은 마을 오카

오카는 몬트리올에서 서쪽으로 약 50km 떨어진 곳에 있는 인구 천여 명의 작은 마을이다. 이 마을의 프랑스계 관리가 리조트 개발의 일환으로 골프장 확장 계획안을 발표하면서 모호크족의 묘지와 성지를 없애려 한 것이 이 분쟁의 원인이었다.

모호크족은 성지 입구에 방어벽을 치고 타지역에 사는 모호크족의 도움도 받았다. 퀘벡주는 경찰기동대를 출동시켜 이에 맞섰다. 양측 사이에는 총격전이 벌어졌

총을 흔들면서 외치는 모호크 전사

고 78일간 대치 상태가 계속되었다. 이 일로 34명의 모호크족이 체포되었으나 이들은 재판에서 모두 무죄 판결을 받았다. 골프장 확장 계획 역시 동결되어 모호크족은 성지를 지켜 내었다. 하지만 성지의 토지 소유권은 인정받지 못했다.

캐나다에서 소수민으로 오랫동안 고통당해 온 프랑스계 캐나다인들이 자기들보다 더 소수인 원주민 모호크족을 무력으로 억압하려 한 것은 참으로 아이러니가 아닐 수 없다.

하와이 섬이 지금도 이동 중인 까닭은?

아름다운 남국의 섬 하와이 제도는 화산 섬으로 유명하다. 하와이 제도는 맨틀 깊은 곳에서 솟아오른 마그마가 지각을 뚫고 올라와 굳어져서 만들어진 섬들로, 8개의 주요 섬과 124개의 작은 섬들로 구성되어 있다. 특히 그 중 가장 큰 섬인 하와이 섬의 마우나로아 화산과 킬라웨어 화산은 지금도 활동 중이다.

하와이 제도의 지각 밑에는 마그마를 조금씩 분출하는 '열점'이 있다. 화산 지대에서는 마그마가 대규모로 분출되지만 열점에서는 마그마가 소규모로 분출된다. 이 '열점'은 전 세계에 약 40개 정도 있는데 주로 대륙에 있다. 하와이처럼 해저에 있는 경우는 매우 보기 드물다.

이 열점에서 만들어진 하와이 제도의 섬들은 태평양판을 타고 그 열점 위를 서북서 방향으로 지나간다. 그래서 북서쪽에 있는 섬일수록 오래된 섬이고 남동쪽에 있는 섬일수록 얼마 되지 않은 섬이 된다. 요즘 하와이 섬의 화산 활동이 왕성한 것은 현재 하와이 섬이 열점 위에 있기 때문이다. 하와이 섬이 만들어지기 전에는 옆에 있는 마우이 섬이 열점에서 분출한 용암으로 만들어졌다. 학자들은 하와

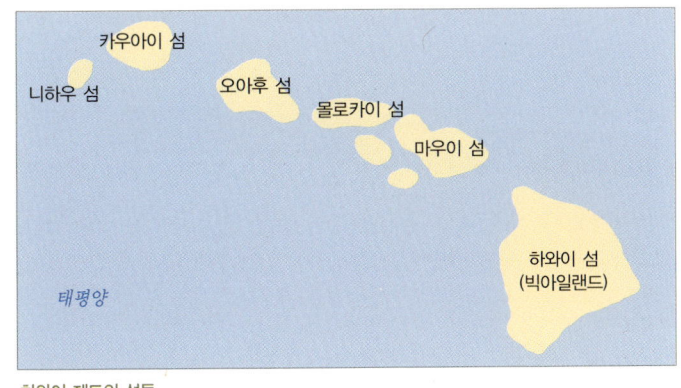

하와이 제도의 섬들

이 제도의 섬들은 조금씩 북서쪽으로 이동하면서 점점 바닷속으로 가라앉을 것이라고 추정하고 있다. 그런데 이렇게 섬들이 가라앉아도 하와이 제도에서는 수만 년 후에 다시 새로운 섬들이 탄생할지도 모른다는 주장이 나오고 있다. 그 열쇠를 쥐고 있는 것은 바로 하와이 섬 남동부 바다의 수심 1,000m에 위치하는 로이히 해산이다.

학자들은 로이히 해산이 초기에는 지각이 형성됐을 때 태어난, 지금은 활동하지 않는 사화산이라고 추정했다. 그러나 로이히 해산은 1970년에 대규모의 군발지진을 일으켰다. 그 사건으로 사람들은 로이히 해산이 활동 중인 활화산이라는 사실을 알 수 있었다.

로이히 해산이 새 섬을 만들어 낼 것이라고 생각하는 이유는 바로 그 점 때문이다. 하와이 섬이 열점을 지나간 다음에는 로이히 해산이 열점을 지나가게 된다. 그러면 화산 활동으로 로이히 해산이 마그마를 뿜어내고 그 마그마가 굳어 새 섬이 만들어질지 모른다고 생각하고 있는 것이다.

로이히 해산은 지금도 계속 활발히 활동하고 있다. 그 화산 활동으로 분출한 마그마가 쌓이고 쌓이면 언젠가 수면 위로 그 모습을 드러낼지도 모른

다. 그렇게 되기까지는 약 5000년 혹은 5만 년이 걸릴지 모르지만 말이다.

강가에서 재판을 하고 결혼식을 올리는 아마존 사람들

브라질 북부의 아마파주에 사는 사람들은 아마존강변에서 재판을 받는다. 거대한 아마존강의 풍치를 즐기면서 결혼식을 올릴 수도 있다. 낭만적인 경험일 거라고? 물론이다. 하지만 그 안에 숨은 피치 못할 속사정이 있다.

아마존강가에 사는 사람들은 재판을 받기 위해 판사가 있는 먼 곳까지 가야 한다. 그만큼 시간적·경제적으로 큰 부담을 져야 하는 것이다. 그런 사람들을 위해 일부 지역에서는 버스에 판사와 재판소 직원을 태우고 인근 마을을 돌아보게 하는 '재판소 버스'가 운행되고 있다. 그러나 작은 섬들에는 그 버스조차 다닐 수 없다.

그래서 브라질 정부는 이동 법정선을 운영하고 있는 것이다. 이동 법정선에는 판사 한 명과 재판소 직원이 몇 명 타고 있다. 이들을 태운 이동 법정선은 아마존강을 타고 내려와 강 하구에 있는 섬들에 있는 마을들을 돌아본다. 이 마을들에 도착하면 이동 법정선의 갑판에는 재판정이 설치되고 이곳에서 각종 분쟁과 사건을 재판하고 처리하게 된다. 작은 섬에 사는 주민을 위해 판사와 재판소 직원들을 배에 태우고 2개월에 한 번씩 아마존강을 따라 내려가 섬을 돌아보도록 하고 있다.

이동 법정선에서는 재판만 하는 것이 아니다. 배의 갑판에는 공소 처리를 위한 법정만이 아니라 관청의 출장소도 함께 설치된다. 그래서 주민들은 이 선상 출장소에서 각종 증명서의 발급 등 민원을 처리할 수 있다. 이 이동 법정선은 사법만이 아니라 행정 서비스도 제공한다.

결혼식 역시 마찬가지다. 브라질에서는 관청이 아니라 재판소에 혼인신고를 한다. 그래서 브라질에는 재판소가 너무 멀다는 이유로 혼인신고를 하지 못한 부부가 꽤 많다. 그런 부부들은 이 이동 법정선에서 혼인신고를 할 수 있다. 낭만적인 결혼식은 아니겠지만 이색적인 결혼식 체험이 될 것은 분명해 보인다.

브라질 아마존강가에 형성된 마을

브라질 최북단에 위치한 아마파주

캐나다 한복판에서 우크라이나어를 써도 좋다고?

캐나다의 중앙부에 위치한 앨버타, 서스캐처원, 매니토바 주는 농업과 낙농업이 발달한 광대한 평원 지대이다. 그런데 이곳에서는 우크라이나어를 써도 의사소통이 된다. 도대체 어떻게 된 일일까?

1921년 동유럽에 위치한 우크라이나에 큰 기근이 닥쳤다. 하지만 당시 유럽은 제정 러시아가 무너지고 사회주의 소비에트 연방이 탄생한 격동의 시기였다. 우크라이나 역시 격심한 내전을 치른 끝에 우크라이나 사회주의 공화국으로 독립한 지 얼마 되지 않았다. 그러나 신정부는 아직 굶주린 농민을 구할 힘이 없었다.

캐나다의 중심부에 위치한 앨버타, 서스캐처원, 매니토바 주

이런 상황을 보다 못해 세계적으로 유명한 노르웨이의 북극탐험가 프리도프 난센이 나섰다. 노르웨이의 외교관이기도 했던 난센은 이 문제를 국제연맹에 알리고 도움을 청했다. 하지만 공산주의 국가라는 이유로 도움을 얻을 수 없었다. 결국 난센은 직접 우크라이나 정부와 교섭해서 당시 영국 자치령이던 캐나다 중부지방에 농민들을 이주시켰다. 그 후로 이 지역에 우크라이나어가 통용되었는데 바로 그런 역사적 이유 때문이다.

캐나다의 우크라이나계 이민자 수는 얼마 되지 않지만, 슬라브 민족의 전통에 긍지를 가지고 캐나다의 넓은 땅에 살고 있다.

우루과이는 남미의 스위스?

남미의 큰 두 나라 브라질과 아르헨티나 사이에 낀 작은 나라, 우루과이. 수도 몬테비데오는 18세기 초 스페인 사람들이 군사 요새로 세운 도시였다. 브라질의 속주였으나 19세기에 브라질 제국과 싸운 끝에 독립을 쟁취했다.

남미에서는 두 번째로 작은 나라에 불과하지만 현재 경제계에서는 상당히 중요한 지위를 차지하고 있다. 1986년 관세무역일반협정의 제8회 일반관세협정, 소위 '우루과이 라운드'로 불리는 무역협상이 열린 곳이 바로 이 곳이었다. 또 1991년 남미에서는 우루과이와 브라질, 아르헨티나, 파라과이 등 네 나라가 '남미공동시장'을 발족했다. 이는 EU와 같은 형태의 공동시장으로, 1994년 말까지 회원국 상호 간 관세와 수량 규제를 폐지하고 무역 장벽을 해소하는 등의 내용에 합의했다. 그런데 이 남미공동시장의 사무국이 브라질이나 아르헨티나가 아닌 우루과이의 수도 몬테비데오에 자리잡았다. 우루과이가 시장의 중심임을 다시 한 번 확인해 주는 셈이라 할 수 있다.

우루과이 은행은 외화에 대한 규제가 없어서 범죄에 관련된 돈을 포함해서 어떤 종류의 돈이라도 다 취급한다. 그래서 남미 전체의 금융 중심으로서의 역할을 하고 있다. 브라질과 아르헨티나 같은 주변국 사람들도 일부러 예금을 위해 우루과이를 찾을 정도이다.

이처럼 우루과이 은행이 돈세탁으로 유명한 스위스 은행과 같은 역할을 하고 있으니 우루과이를 '남미의 스위스'라고 부르는 것도 무리는 아니다.

남미의 두 대국 브라질과 아르헨티나 사이에 낀 작은 나라 우루과이
우루과이의 수도 몬테리오는 금융업, 정치, 문화의 중심지로 스페인 식민지 시대의 풍경과 현대적인 도시 풍경을 함께 간직하고 있다. 사진은 독립 광장 주변에 위치한 유명 관광지인 살포 궁전을 보여 준다.

코스타리카 국민이 행복한 이유?

전 세계 국민들 중 가장 행복하다고 느끼는 사람들은 어느 나라 사람들일까? 영국의 신경제재단에서 전 세계 143개국을 대상으로 기대 수명과 삶의 만족도, 환경오염 지표 등을 평가해서 국가별 행복지수를 산출한 결과에서 1위를 차지한 나라는 남미의 코스타리카였다.

코스타리카는 남미와 북미를 잇는 좁은 지역에 위치하고 카리브해와 태평양 사이에 끼어 있는 작

남미와 북미를 잇는 작은 나라 코스타리카

은 나라이다. 작은 국토이지만 약 50만 종에 이르는 다양한 생물이 서식하고 있다. 국토의 25% 이상이 국립공원과 자연보호지구로 지정되어 있을 정도로 자연경관이 아름다운 나라이기도 하다. '코스타리카'라는 나라 이름도 이곳에 상륙한 최초의 유럽인 콜럼버스가 '풍요로운 해안'이라고 말한 것에 따라 붙여졌다고 한다.

그런데 코스타리카는 다른 중남미 국가들과 달리 군대를 보유하지 않은 비무장 중립국이다. 코스타리카는 1949년 헌법에 따라 군비를 포기했다. 이후 1986년 대통령에 취임한 아리아스는 중남미 5개국 평화를 위한 합의서를 제안하고 이에 서명하였고, 그 공로로 1987년 노벨평화상을 수상했다.

지금 코스타리카에는 시민 경비대와 지방 경비대를 합쳐 겨우 7,000명의 경비대가 있을 뿐이다. 대신 군비확충에 들어갈 예산을 교육과 의료, 복지에 투자한다. 국가 예산의 30% 이상을 교육에 투입하여 중남미에서 가장 국민 교육 수준이 높고 복지가 발달한 나라가 되었다.

알래스카의 빙하는 북쪽보다 남쪽에 많다?

● 북미대륙의 북서쪽 끝에 위치한 알래스카는 땅의 절반 이상이 북위 66.5도 이상의 북극권에 속하고 5% 정도는 빙하로 이루어져 있다. 그런데 빙하의 대부분이 북극과 가까운 북쪽이 아니라 남쪽에 집중해 있다고 한다. 얼핏 생각하면 북쪽으로 올라갈수록 기온이 떨어져 빙하도 더 많이 분포할 것 같은데, 왜 그렇지 않을까?

그것은 바로 강수량 때문이다. 빙하가 생기기 위해서는 기온이 낮아야 할 뿐만 아니라 비나 눈이 많이 내려야 한다. 그런데 바다와 마주한 알래스카 남부는 해류의 습한 공기가 알래스카 산맥과 부딪치면서 비를 많이 뿌

린다. 그래서 알래스카와 캐나다 접경 지역에 위치한 주노(Juneau)라는 곳의 연간 강수량은 2,300㎖나 된다. 반면 알래스카 산맥 너머 내륙 지방은 연간 강수량

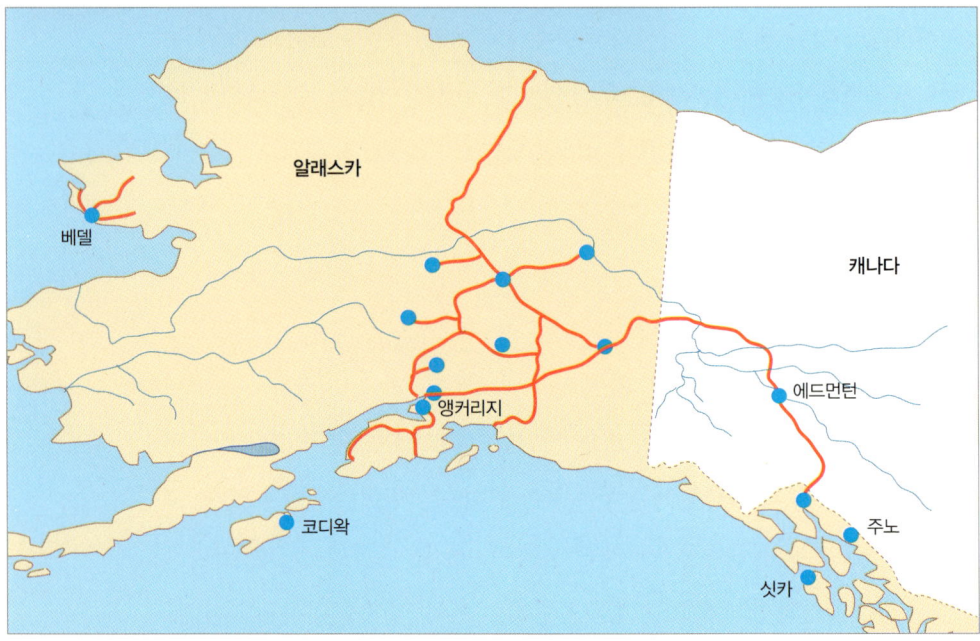

알래스카 남부의 주노는 강수량이 많아 빙하가 북부에 비해 많다.

이 500㎖밖에 되지 않는다.

이렇게 해서 만들어진 알래스카 남부의 빙하로는 콜롬비아 빙하, 포티지 빙하 등이 있다. 특히 글레이셔만 천연기념물 공원에는 모두 열여섯 개에 달하는 거대한 빙하들이 있다고 한다.

하지만 이 빙하들도 지구 온난화로 인해 점점 녹아 작아지고 있다. 녹색의 짙은 색깔로 유명한 주노의 멘더홀 빙하의 경우 처음 발견된 100년 전보다 지금은 1.6km 이상 사라졌다고 한다. 우리의 다음 세대에서는 다시 흔적조차 찾을 수 없을지 모를 일이다.

극지에서 살아남는 이누이트만의 비법!

모든 것이 꽁꽁 얼어붙는 극지방에서 살아남는 법을 가르쳐 주기에 가장 적당한 사람들은 누구일까. 그것은 아마도 수천 년 전부터 극지에 살아온 이누이트족일 것이다. 이누이트족이란 알래스카와 캐나다 북부 지방에 사는 소수민족이다.

이누이트족은 북극권 전체에 걸쳐 5만 명 이상이 살고 있다. 이들은 약 5000년 전에 북아메리카나 중앙아시아에서 건너왔을 것이라고 추정되지만, 그들이 어떤 이유로 이 극한의 땅에서 살게 됐는지는 분명치 않다.

경로야 어찌 되었든, 이누이트족은 극지에서 살아남기 위해 많은 노력을 했다.

그들이 사는 지역에는 토나카이나 사향소 등의 동물이 살고 있는데, 이누이트족은 이 동물들을 사냥해 식량으로 삼아 이 혹독한 기후에서 살아남았다. 이들은 토나카이와 사향소만이 아니라 북극곰, 바다표범, 바다코끼리 등도 사냥했다. 그리고 이렇게 잡은 사냥감은 불을 가해 익히지 않고 날것으로 먹었다.

이처럼 날고기를 먹은 것은 불이 아까워서가 아니었다. 날고기를 먹으면

미국과 캐나다의 이누이트들이 살고 있는 지역
알래스카, 캐나다, 그린란드에 주로 분포해 살고 있는 이누이트족은 수렵을 기본으로 생활했다. 개나 순록이 끄는 눈썰매는 이누이트족의 전통적인 문화를 잘 보여 준다. 그러나 최근 지구 온난화로 인해 얼음이 얇아져 눈썰매를 더 이상 사용할 수 없게 된 지역이 늘고 있다.

비타민 C를 보충할 수 있기 때문이었다. 극지에서는 채소나 과일을 키우기가 어려워서 비타민 C를 섭취하기가 어렵다. 따라서 이렇게라도 해서 비타민을 보충했던 것이다. 물론 오래전 이들의 조상이 이런 과학적인 이유를 알고 그렇게 한 것은 아니었을 것이다. 하지만 아마도 본능적으로 살아남기 위해 무엇이 필요한지 알았을 것임에 틀림없다.

이런 동물 사냥은 주로 겨울에 이루어졌다. 그 이외의 시기에는 어업 활동으로 식량을 확보했다. 이렇게 잡은 물고기 역시 말려서 보관하기도 하지만 대부분은 날로 먹었다.

이누이트족의 생존 본능은 이들이 후대를 이끌어 나갈 아이들을 굉장히 중요히 여겨 왔다는 사실에서도 드러난다. 이들은 나이가 들어 사냥을 하지 못하게 되면 먹는 입을 줄이기 위해 아주 추울 때 스스로 들판에 나가 얼어 죽는 길을 선택하기도 했다고 한다. 종족 보존을 위한 이들의 본능은 무서울 정도이다.

포로로카 현상, 하류에서 상류로 흐르는 강?

● 　　강물이라면 무릇 상류에서 하류로 흐르는 것이 상식이다. 그런데 하류의 물이 상류 쪽으로 거꾸로 흘러드는 강이 있다! 그것도 세계 최대의 강인 아마존강에서 그런 일이 일어난다면 믿을 수 있을까.

남미의 아마존강은 브라질과 그 주변국의 열대우림을 통과해 대서양으로 흘러드는 세계 최대의 강이다. 본류의 길이만으로는 이집트의 나일강 다음으로 세계에서 두 번째로 긴 강이다. 하지만 1,100개가 넘는 지류를 합

치면 그 길이는 5만 킬로미터에 이르기 때문에, 명실공히 세계에서 가장 긴 강이라 할 수 있다.

그런데 이 아마존강에서는 밀물 때 트럼펫 모양의 하구에서 흘러든 해수가 강의 상류로 역류하는 현상이 일어나곤 한다. 엄밀히 말하자면, 강 하구에서 밀물이 순식간에 밀려드는 것이다. 약 5m 높이에 시속 20km 가까운 엄청난

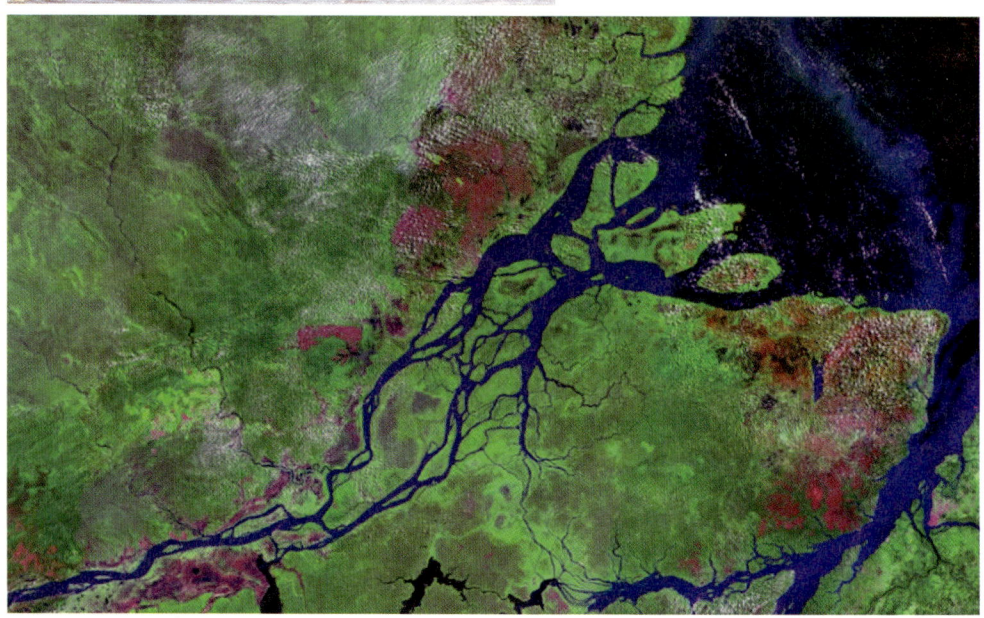

포로로카가 일어나는 아마존강의 하구
엄밀히 말하면 강물이 역류하는 것이 아니라 강 하구에서 밀물이 순식간에 밀려드는 것이다.

속도로 갑자기 밀물이 밀려들어 오는 것이다.

이 같은 희귀한 자연현상을 '포로로카(Pororoca)'라고 한다. 아마존강에 사는 원주민의 말로 '가옥 파괴'라는 뜻이다. 거꾸로 밀려 올라오는 강물이 집을 파괴할 만큼 그 힘이 강력하다는 것을 의미한다.

이 같은 해수의 역류 현상은 캐나다의 펀디만이나 중국의 치엔탕강 등 세계의 다른 곳에서도 볼 수 있다. 그러나 아마존강의 포로로카는 그 격이 다르다. 해수가 엄청난 속도로 밀려와 800여 미터나 역류하는 것이다. 그때의 굉음은 20km 떨어진 곳에서도 들을 수 있을 정도이다. 특히 1년 중 조수간만의 차가 제일 큰 추분과 춘분의 보름날에는 포로로카의 규모도 한층 더 커져, 주민들의 불안을 더욱 증폭시킨다고 한다.

chapter 12

오세아니아 대륙의 미스터리

The Story of the World Map and Geography

바닷속에 무지갯빛 왕국이 있다고?

영국의 탐험가 쿡 선장은 태평양을 유유히 항해하다가 아름다운 빛깔의 거대한 산호초를 발견하였다. 1770년 쿡 선장이 발견한 산호초와 섬으로 이루어진 어마어마한 크기의 산호초 군락은 '그레이트배리어리프(Great Barrier Reef)'다. 오스트레일리아의 북동부 퀸즐랜드주 동쪽 바다에 위치해 있고, 생물체가 만든 것 중에서는 세계에서 가장 큰 구조물이다. 300여 종의 산호들이 2500만 년의 세월을 거쳐 2,000km에 이르는 산호초를 형성했다.

이 산호초 군락은 우주에서도 관찰이 될 정도로 거대한 크기이다. 산호들은 움직일 수 있는 근육이 있고, 실 같은 촉수를 이용해 먹이를 잡는 원시동물이며, 군체를 형성하여 산다는 점에서 엄연한 생물체라고 동물학자들은 주장한다.

수많은 빛깔을 가진 산호초에는 1,500여 종이 넘는 물고기와 50여 종의 상어 등 독특

그레이트배리어리프(Great Barrier Reef)
2,000km에 이르는 산호초와 섬으로 이루어진 산호초 군락. 퀸즐랜드주 동쪽 바다에 있고, 300여 종의 산호들이 2500만 년의 세월에 걸쳐 만들어 낸 세계에서 가장 큰 산호초 군락이다.

산호초 군락
수많은 빛깔과 다양한 형태를 가진 산호초는 환경에 민감한데 햇빛이 풍부하고 파도가 거의 없는 맑은 물에서 생성된다. 물이 탁해지거나 수온이 변하면 산호초가 회백색이 되는 백화현상이 일어난다. 지구 온난화로 바닷물이 십여 년간 1℃ 안팎이나 오르면서 최근에는 산호초가 하얗게 죽어 가는 백화현상이 곳곳에 나타나고 있다.

한 생물들이 함께 산다. 니모로 유명한 흰동가리돔, 입이 큰 병정물고기, 거대한 조개 자이언트 클램, 코코넛게 등 독특한 빛깔과 모양을 한 생물들이 산호초에 더불어 살며 신비를 더한다.

산호초는 18~29℃ 정도의 수온에 햇빛이 풍부하고 파도가 거의 없고 물속으로 빛이 투과할 수 있을 정도로 수심이 얕고 맑은 곳에서 다양한 빛깔과 형태를 띠며 생성된다. 환경에 민감한 산호초는 물의 온도가 높아지거나 빛이 제대로 들지 않으면 산호에서 색소를 결정짓는 조류가 모두 빠져나가 흰색이 되어 죽고 만다. 최상의 환경에서 살아야 하는 예민한 산호초는 환경변화를 견디지 못하고 빛을 잃는 것이다.

15m 높이의 산호초가 만들어지려면 약 300년 이상의 시간이 필요하다고 한다. 현재 산호초는 쿡 선장이 발견했을 당시보다 더 큰 군락을 이루었어야 하지만, 300년 전보다 더 아름다운 빛깔을 지녔으리라고는 장담할 수 없다. 게다가 무수한 세월에 걸쳐 만들어진 신비한 생명체인 산호초가 2040~2050년에는 그 빛깔을 잃고 황폐화될 수 있다고 한다. 지구 온난화로 인한 영향은 산호초에게도 예외일 수 없기 때문이다.

핑크빛 호수가 있다?

어린 시절 한번쯤은 자신이 좋아하는 빛깔로 이루어진 세상을 상상해 보았을 것이다. 사랑스런 핑크빛 호수가 있다면 어떨까. 상상으로만 가능했던 풍경이 진짜 있는 곳이 있다. 오스트레일리아 서쪽 해안 퍼스에서 19km 떨어진 로트네스트 섬에 물이 핑크빛인 핑크레이크(Pink Lake)가 있다.

하지만 소금호수인 핑크레이크는 신기하게도 햇빛의 양에 따라 빛깔을 달리한다. 흐린 날보다는 뜨거운 햇빛 아래에서 핑크빛이 선명한 호수가 된다. 햇빛이 강한 한여름에는 붉은색에 가까운 핑크빛으로 보인다.

그 이유는 소금호수에 사는 녹색 조류가 이 호수의 빛깔을 좌우하기 때문이다. 이 호수는 오래전에 바다와 연결된 후 입구가 막혔고, 바닷물의 소금 성분이 호수에 그대로 남게 되어 소금호수가 되었다. 여기에 살고 있는 수백만 개의 듀날리엘라 살리나(Dunaliella Salina)라는 광합성 미세 조류는 물 한 방울에 8만 개 정도가 존재하는데, 햇빛과 물로부터 에너지를 얻는다. 이 미세 조류는 평소에는 녹색의 조류이지만, 햇빛이 강하게 내리쬐면 물 온도가 올라가고 염분의 농도가 높아져 스트레스를 받아서 붉은색을 띠게 된다. 그로 인해 호수 밑바닥에 있는 소금 결정체에 호염성

핑크레이크(Pink Lake)
오스트레일리아 로트네스트 섬의 핑크레이크. 햇빛의 양에 따라 빛깔이 변한다. 온도에 반응하여 빛을 달리하는 미세 조류와 세균의 상호 작용으로 햇빛이 강하면 붉은색에 가까운 핑크빛을 낸다.

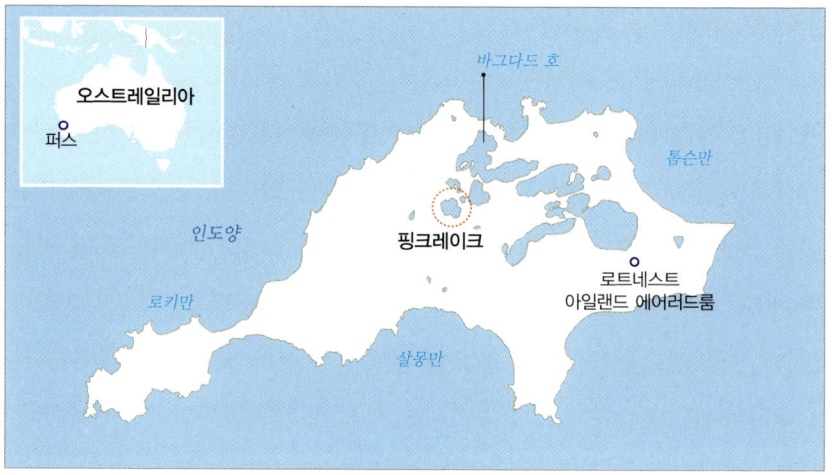

로트네스트 섬(Rottnest Island)
핑크레이크가 있는 섬. 퍼스 앞바다에 있으며 둘레 11km, 너비 4.5km의 작은 섬이다. 로트네스트는 쥐가 사는 섬이라는 뜻인데 네덜란드 선원들이 쿼카라는 캥거루과 동물을 쥐로 착각하여 붙인 이름이다.

세균들이 증식된다. 온도에 반응하여 빛깔을 내는 미세조류와 호염성 세균의 상호 작용으로 호수 색이 변하게 되는 것이다. 핑크레이크의 분홍색은 눈에 보이지 않는 미세 세균들이 소리 없이 만들어 내는 신비한 현상인 셈이다.

핑크레이크는 다른 대륙에도 있다. 아프리카 서쪽 끝 세네갈의 수도 다카르에서 조금 떨어진 곳에 핑크빛 호수가 있다. 세네갈의 핑크레이크 주변엔 모래 대신 나무배와 소금더미들이 있어 오스트레일리아의 핑크레이크와는 다른 풍경을 자아낸다. 이곳의 핑크레이크는 풍부한 소금을 함유하고 있어서 지역 주민들에게 고마운 소금창고 역할을 하고 있다. 이곳에는 핑크빛 호수에 대한 전설이 전해 내려 오는데, 대지의 신과 바다의 신이 씨름을 해서, 대지의 신이 바다의 신을 이겼기 때문에 핑크빛 소금호수를 갖게 되었다고 한다.

공룡보다 나이 많은 고대 암석이 있다고?

오스트레일리아 퍼스 남동쪽 하이든에는 기이한 모양의 암석들이 많다. 그 중에서 특히 사람들의 눈길을 끄는 것은 높이 15m, 길이 110m의 파도 모양을 한 암석이다. 웨이브록(Wave Rock)이라는 이름을 가진 이 암석은 큰 곡선을 그리며 밀려드는 파도가 순식간에 굳어 버린 것 같은 모양을 하고 있다.

거대하고 부드러운 파도 모양의 지형은 깊은 지표면 밑에서 만들어졌다. 그런 다음 지표에 노출되어 풍화와 침식작용으로 화강암 지층이 압력을 받아 물결 모양으로 변형되었다. 27억 년의 기나긴 세월 동안 비와 극한의 온도, 염류 등으로 인해 화강암의 딱딱한 윗부분은 침식되지 않고 부드러운 아랫부분만 수세기 동안 반복하며 깎여서 자연스러운 파도 형태를 만들어 낸 것이다.

지구의 나이가 46억 년이고, 공룡이 6500만 년 전에 멸종했다고 본다면, 웨이브록의 나이는 실로 경이롭기 그지없다.

웨이브록에는 여러 가지 색이 섞여 있다. 흰색, 갈색, 검은색 등이 혼합되어 모래파도의 형상을 하고 있다. 그 원인은 수세기 동안 몰아친 먼지 폭풍과 비 등 이곳만의 독특한 기후가 바위에 다양한 색을 주었기 때문이다. 비가 오지 않는 건기 동안에는 갈색의 표면에 검은 얼룩이 생겼고 우기에

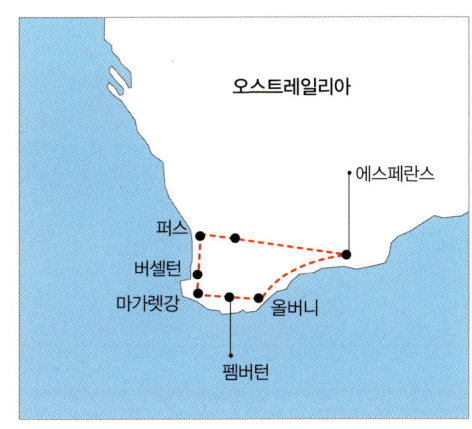

거대한 파도 모양의 고대 암석 웨이브록은 오스트레일리아의 남동쪽 퍼스에서 볼 수 있다.

Chapter 12 _ 오세아니아 대륙의 미스터리 · 243

웨이브록(Wave Rock)
높이 15m, 길이 110m의 파도 모양을 한 고대 암석. 27억 년 동안 풍화와 침식작용으로 인해 원래 수직이었던 바위가 딱딱한 윗부분은 침식되지 않고 부드러운 아래만 수세기 동안 반복하여 깎여서 자연스러운 파도 모양이 되었다.

에어즈록(Ayers Rock)
오스트레일리아 중앙 사막에 있는 고대 암석. 사막 한가운데에 거대하게 솟아 있다. 원주민들은 에어즈록을 울루루라고 부르며 신들이 사는 곳으로 믿고 숭배한다.

는 계속된 비에 의해 회색, 적색, 황색의 긴 선들이 형성되었다.

석양이 질 때면 근처 숲에서 놀러 나온 캥거루나 왈라비들이 고대 원시 암석에 앉아 있는데, 그 모습은 마치 모래파도를 타고 서핑을 하는 것처럼 보이기도 한다.

오스트레일리아 대륙의 중앙 사막에도 신비한 고대 암석이 있다. 사막 한가운데에 거대하게 솟아 있는데 높이는 350m이고 넓이는 4.8km²나 된다. 영화에도 나와 유명해진 에어즈록(Ayers Rock 또는 Uluru)은 대륙의 중심에서 붉은빛을 발하고 있어 오스트레일리아의 심장이라고도 불린다. 그 곳 원주민들은 에어즈록을 울루루라고 부르며 신들이 사는 곳으로 믿고 숭배한다. 신을 믿지 않는 사람도 사막 한가운데에서 새빨갛게 물드는 에어즈록을 보면 누구나 경외로운 마음이 든다. 에어즈록의 붉은색은 바위의 철분 성분이 햇빛에 반사되어 빛을 내는 것이다.

웨이브록처럼 햇빛에 따라 빛깔을 달리하는 에어즈록도 고대의 신비를 그대로 담고 있다.

섬 전체가 빨갛게 물드는 크리스마스 섬?

지도에서 크리스마스 섬(Christmas Island)은 잘 보이지 않는다. 눈을 크게 뜨고 찾아보면, 인도네시아 자카르타 남쪽 304km 아래 인도양 동부에 아주 작은 점으로 표시되어 있는 섬을 어렵게 찾을 수 있다. 인도네시아 아래에 있지만 오스트레일리아령의 섬이며, 면적은 제주도의 10분의 1 정도밖에 되지 않는다. 섬 가장자리는 깎아지른 절벽으로 이루어져 자연의 신

크리스마스 섬의 붉은게(Red Crab)
육지에서 살 수 있게 진화된 붉은게는 열대우림의 나무뿌리 틈에 구멍을 파고 낙엽이나 씨앗, 열매를 먹고 산다. 우기가 되면 1억 마리가 넘는 붉은게가 섬을 붉게 물들이며 숲에서 바다로 이동한다.

비를 그대로 간직하고 있다. 사람들의 눈에 띄지 않는 지리적 특성 때문에, 이 섬에는 이곳만의 독자적인 생태계가 형성되었다.

1643년 크리스마스에 발견되어 크리스마스 섬으로 불리게 된 이 섬엔 빨간 옷을 입은 산타클로스 대신에 1억 마리가 넘는 게들이 산다. 14종류의 게가 서식하고 있는데, 그 중 붉은게(Red Crab)가 가장 많다. 등의 너비는 10cm나 되며, 물속이 아닌 육지에서 살 수 있게 진화하였다. 아가미로 호흡하며, 수분이 없으면 죽기 때문에 습기가 많은 숲속, 열대우림의 나무뿌리 틈에 구멍을 파고 낙엽이나 씨앗, 열매를 먹고 산다. 간혹 가정집 정원에 정착해 사는 게도 있다. 그러다가 10~12월에 걸친 우기가 되면 1억 마리가 넘는 붉은게가 숲에서 바다로 이동하며 온 섬을 붉게 물들인다.

바다로 향하는 이유는 알을 낳기 위해서인데 이동을 하는 도중에 붉은게들은 사람에게 밟히기도 하고, 차에 치이거나 노란색 미친개미와 천적인 도둑게에게 잡아먹히기도 한다. 붉은게는 뜨거운 아스팔트를 지나고, 가정집의 부엌도 지나 험난한 여행을 한다. 때론 수분이 모자라 죽기도 하는데, 주민들은 고무호스로 물을 뿌려 주고 차량을 통제하는 등 붉은게의 이동을 도와준다.

바다에 도착한 게들은 짝짓기를 하고 만조가 되면 암게 한 마리당 약 12만 개의 알을 바다에 낳는다. 새끼 게들은 1개월 정도 바다에서 지낸 뒤 육

크리스마스 섬(Christmas Island)
인도양 동부에 있는 아주 작은 섬. 지도에도 아주 작은 점으로 표시되어 있다. 면적은 제주도의 10분의 1 정도이다. 섬 가장자리는 깎아지른 절벽으로 이루어져 있고, 지리적 특성 때문에 독자적인 생태계가 형성되었다.

지로 올라와 숲으로 향한다. 10년에 한 번 정도 새끼 게의 대이동을 볼 수 있는데, 아주 작은 새빨간 새끼 게들이 섬을 붉게 물들인다. 하지만 험난한 육지로의 여정에서 생존율은 절반도 안 된다.

사람의 눈에 띄지 않는 이 작은 섬에도 환경의 변화가 생겨 붉은게의 생존을 위협하고 있다. 계속되는 가뭄, 온도 상승으로 붉은게가 사라질 위험에 놓여 있다.

새똥으로 부자가 되었던 나라가 있다?

파푸아뉴기니의 동쪽에서 멀리 떨어진 남태평양에 외딴 섬이 있다. 홀로 외로이 고립된 그 섬엔 오랜 세월 동안 알바트로스의 새똥이 산호초 위에 쌓여 작은 나라를 만들었다. 태평양 하늘의 주인 알바트로스의 쉼터이기도 한 그곳은 나우루 공화국이다. 인구 1만 명, 국토 면적은 21km^{2}로 여의도 면적의 두 배 반이며 자동차로 섬을 일주하는 데는 20분밖에 안 걸리는 세계에서 세 번째로 작은 나라이다.

작은 섬밖에 가진 게 없던 나우루 공화국이 세계에서 가장 부유한 나라가 되었는데, 어떻게 가능하였을까? 유럽의 식민 지배하에 있었던 나우루 공화국의 주민들은 자급자족하며 섬 생활양식을 보존하며 살았다. 하지만 독일이 고급 비료의 원료인 인광석을 발견하면서 여유롭던 섬은 독일, 영국, 오스트레일리아, 뉴질랜드의 채굴장이 되었다.

인광석이란 몇 만 년 동안 새똥이 산호초에 퇴적되어 생기는데 비료의 원료가 된다. 1968년에 신탁통치가 끝나자 선진국의 소유였던 채굴권은 나우루에게 돌아왔다. 나우루는 외국자본이 보여 준 대로 섬을 채굴하여 이익을 챙겼고 부는 나우루인들에게 분배되었다. 세금, 주택, 의료비 등

나우루 공화국(Republic of Nauru)
산호초로 둘러싸인 아름다운 나라이다. 한때 풍부한 자원으로 세계에서 가장 부유한 나라였던 나우루 공화국은 자원이 고갈되자 세계에서 가장 가난한 나라로 전락하였다.

모든 게 무료였고 주민들은 전세기를 타고 하와이, 호주, 싱가포르 등으로 쇼핑을 다녔으며 정부에서 고용된 가정부의 서비스를 받았다. 정부는 외국 노동자를 데려와 모든 일을 맡겼고 최소한의 일도 하지 않은 나우루인들은 비만해져 갔다.

인광석이 고갈되기 전까지는 태평양의 파라다이스였지만 지금은 황폐화된 폐허가 되었다.

자원은 한정되어 있다는 진리를 간과한 나우루 정부는 1990년 초부터 인광석이 빠르게 고갈되자 서둘러 다양한 대책을 강구해 경제를 되살리려고 했다. 하지만 섬 전체의 대부분이 파헤쳐진 땅은 이미 경작지까지 황폐화되어 농사도 지을 수 없었고 주민들은 일이란 것을 해 본 적이 없었기 때문에, 결국 나우루 정부가 시행하려던 사업들은 인력 부족으로 모두 실패했다. 21세기가 되면서 가장 부자였던 작은 섬나라는 가장 가난한 나라로 전락하였다.

꿈의 낙원이었던 그곳은 인광석을 채굴했던 흉물스러운 크레이터들만 남아 있을 뿐, 쓸모없는 땅이 되었다. 낮아지고 황폐해진 땅은 지구 온난화의 위협까지 받고 있다.

호주에서 지원과 원조가 이루어지고 있기는 하지만 온난화의 재앙까지 겹쳐 빛은 보이지 않고 있다.

chapter 13

아프리카 대륙의 미스터리

The Story of the World Map and Geography

실타래처럼 꼬인 미로 도시?

북아프리카에 있는 모로코와 알제리는 유럽과 거의 맞닿아 있어서 유럽의 침략을 피할 수 없었던 식민지 역사를 가지고 있다. 이 나라들은 아프리카에 위치하지만, 주민의 대부분은 아랍인이어서 이슬람 문화가 주를 이루고 있다. 아프리카에서 두 번째로 큰 나라 알제리와 그 옆에 위치한 나라 모로코에는 미로로 된 구시가지가 있다. 알제리의 알제(Algiers)와 모로코의 페즈(Fez)는 유네스코 세계문화유산에도 등록된 천 년의 역사를 가진 미로 도시이다.

도시들은 성채를 중심으로 발달되었는데, 미로는 성채 안에 얽히고 꼬인 복잡한 구조로 되어 있다. 지도에조차 정확하게 그릴 수 없을 정도로 복잡한 이 미로는 적의 침입을 막기 위해 좁고 복

모로코 페즈(Morocco Fez)
모로코에서 가장 오래된 이슬람 도시의 하나. 유네스코 세계문화유산에도 등록된 천 년의 역사를 가진 미로 도시이다. 도시들은 성채를 중심으로 발달되었고, 미로는 얽히고 꼬인 복잡한 구조로 되어 있다.

Chapter 13 _ 아프리카 대륙의 미스터리 • 251

페즈의 구시가지
페즈는 모로코에서 세 번째로 큰 도시이다. 구시가지는 13세기 중세 이슬람 도시의 모습을 거의 그대로 간직하고 있다. 9,000개가 넘는 골목들이 미로처럼 엉켜 있어 지도를 들고 있어도 길을 잃는다.

잡한 길들을 지그재그로 만드는 과정에서 생겼다. 침입한 적군은 좁은 골목길에서 길을 잃어 작전은 실패로 돌아갈 수밖에 없었고, 실제로 이 나라들은 거대하고 복잡한 미로를 이용해 게릴라 전법으로 나라를 지켰다.

건물들이 좁은 간격으로 붙어 있는 미로 속은 햇빛 한줌이 들어오지 않는 구조로 되어 있다. 이 미로 구조는 사하라 사막이 있는 알제리나 사막에 인접한 모로코의 환경에서 햇빛을 피하기 위한 다른 방편이기도 했다. 직선으로 뚫린 구조가 아닌 직각으로 한없이 꼬여 이루어진 골목길은 원주민들의 지혜였던 것이다.

모로코의 페즈는 세계 최대의 미로 도시라는 별명에 걸맞게 1m도 안 되는 길로 이루어진 복잡한 미로 속에 시장, 대학교, 회교사원, 목욕탕 등 생활하는 데 필요한 다양한 시설이 들어서 있다.

　방사선이나 직선구조로 계획된 도시보다 천 년 동안 이어져 온 구불구불한 미로 도시는 이국의 사람들에게는 색다른 느낌을 준다.

사하라 사막에 기린이 살았다고?

　뜨거운 태양 아래 끝없이 모래만 펼쳐진 곳, 사하라 사막 하면 떠오르는 풍경이다. 사하라 사막은 아프리카 북부에 동서로 길게 펼쳐져 있으며, 아프리카 면적의 거의 3분의 1을 차지한다. 메마른 사막의 모래언덕만을 보아 왔던 사람들은 믿기 어렵겠지만, 사하라 사막도 한때는 풍부한 물과 함께 녹지가 우거진 초원이었다. 사막의 많은 부분이 숲으로 덮여 있었고, 동물과 사람이 살았었는데, 알제리와 리비아의 국경에 있는 타실리나제르 고원에서 발견된 벽화가 이런 사실을 뒷받침한다.

　20세기 초에 우연히 발견된 이 암벽화에는 가젤, 코끼리, 기린, 하마, 코뿔소 등 수많은 동물들이 그려져 있었다. 만 오천여 개의 바위 위에 그려진 그림은 기원전 5세기에서 기원전 1세기 무렵에 걸쳐 그려졌는데, 그것은 목축 부족들이 소, 양 등 동물을 길렀고, 농경도 했

타실리나제르 고원 위치

암벽화
알제리와 리비아의 국경에 있는 타실리나제르에서 발견된 암벽화이다. 기린 외에도 가젤, 코끼리, 하마, 코뿔소 등 수많은 동물들이 그려져 있었다.

나무가 자라나는 사하라 사막 주변

음을 의미한다. 바위 그림에는 가축의 무리를 에워싸고 싸우는 사냥꾼들, 싸우는 전사, 춤을 추거나 악기를 켜는 사람, 술을 마시는 장면 등 다양한 생활상이 묘사되어 있다. 암벽화 중 가장 유명한 것은 '눈물 흘리는 소'인데, 처음에는 소가 눈물을 흘리지 않았지만, 사하라에서 물과 초원이 사라지자, 사람들이 그곳을 떠나며 소의 눈에 눈물을 그려 넣었다.

재미있는 사실은 시대에 따라 이 암벽화의 내용이 시대상을 반영하며 변했고, 바위벽에 그려진 인물이나 그 복장도 달라졌다는 것이다. 가장 오래된 바위 층에 그려진 인물은 활과 창을 든 흑인종이었다. 그 다음 시대인 기원전 5세기에서 4세기에 걸쳐 그려진 벽화에는 하얀 피부를 가진 인물이 그려져 있다. 기원전 1세기 무렵까지 시간이 흐르면 벽화에는 튜닉을 입고 전차에 탄 병사의 모습이 그려져 있다. 이 그림에 그려진 병사는 크레타 혹은 이집트에서 건너온 인물로 추정된다. 나중에는 낙타 그림도 등장했다.

그 후로 사하라의 사막화가 진행되었다. 세월이 지나면서 사하라가 점차 사막화되고 토지는 현재도 점점 황폐화되어 가고 있다.

하지만 최근 지구 온난화의 영향으로 사막에 강우량이 늘면서 사하라 사막이 다시 초원지대로 바뀌고 있다는 연구결과가 나오고 있다. 사하라 사막 남부에 있는 사헬에 녹지대가 늘었고, 20년 동안 이곳을 조사한 독일 아프리카 연구소의 슈테판 박사는 북아프리카 지역에 아카시아 등 새로운 종류의 나무가 자라나고 있다고 밝혔다. 사하라 사막 동부는 풀 한 포기 없는 황폐한 땅이었지만, 지금은 낙타가 방목되고 있다. 이런 변화가 계속된다면, 나중에는 양서류까지도 나타날 수 있다고 한다.

2080년까지 사헬의 우기 강우량이 하루에 2mm씩 증가한다고 하니, 사하라 사막에서 다시 기린을 보게 될 날도 곧 오지 않을까.

사하라 사막 분포도
사하라 사막은 아프리카 북부에 동서로 길게 펼쳐져 있으며, 아프리카 면적의 3분의 1을 차지한다. 광활한 메마른 땅으로만 인식되는 사하라 사막이 한때는 녹지가 우거진 초원이었다.

줄어들며 이동하는 호수가 있다고?

산이나 강의 높이와 폭 등 쉽게 변하지 않는 것들도 우리가 알지 못하는 사이에 서서히 변화한다. 이 같은 자연의 변화는 말 그대로 자연스러운 현상이다. 그렇다 하더라도 장소를 이리저리 바꾸며 마음대로 이동하는 호수가 있다면 믿을 수 있을까? 큰 호수가 도대체 어떻게 움직일 수 있을까?

'넓은 수면'이란 뜻의 차드 호(Lake Chad)는 1963년엔 아프리카에서 두 번째로 큰 호수였고 차드 공화국, 니제르, 나이지리아, 카메룬에 걸쳐져 넓게 분포해 있었다. 면적은 약 25,000km², 둘레는 약 700km, 평균 수심이 1.5m로 세계에서 여섯 번째로 큰 호수였던 차드 호는 시간이 지나면서 면적이 점점 줄어들었고, 1970년대 이후로 면적이 급격히 줄어들면서 다른 곳으로 점점 이동하는 것처럼 보이게 되었다. 40년이 훨씬 지난 지금은 호수의 면적이 10분의 1로 줄어서 차드 공화국에만 호수가 존재하고 있다.

사실 차드 호는 아주 오랜 시간에 걸쳐서 계속 줄어들고 있었다. 최근 들어 급격히 호수의 물이 사라졌지만, 호수 경계선을 조사한 결과 수천 년 전에는 카스피 해에 버금가는 크기의 호수였음이 밝혀진 바 있다.

호수의 물이 줄어든 데에는 인구가 늘어나면서 생활

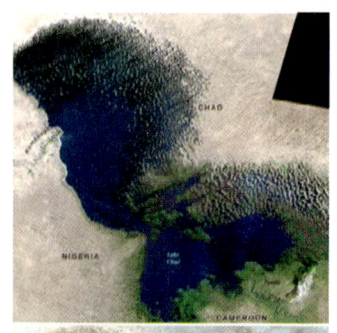

줄어드는 차드 호
차드 호는 차드 공화국, 니제르, 나이지리아, 카메룬에 걸쳐져 넓게 분포했던 호수였다. 세계에서 6번째로 큰 호수였던 차드 호는 시간이 지나면서 면적이 점점 줄어들어, 현재는 차드 공화국에만 호수가 존재하고 있다.

과 농업에 필요한 물의 수요가 증가한 것이 가장 큰 이유다. 개발을 위해 물길을 만들어 물을 뽑아 쓰는 등 호수의 한정된 자원을 계속 사용하는 반면 강수량은 오히려 줄어 호수의 수량이 점차 줄어든 것이다. 생태계는 파괴되었고, 호수 주변의 나무와 목초지도 줄어들었다. 급기야는 각종 물고기와 다양한 생물들이 사는 차드 호를 생활기반에 두고 사는 수천만 명의 인근 주민들의 생계도 위협받고 있다.

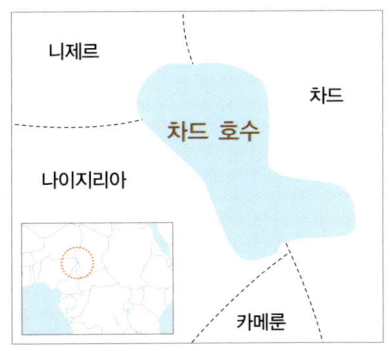

차드 호(Lake Chad)
차드 호를 생활기반에 두고 사는 인근 주민들의 생계가 위협받고 있다. 차드 호가 사라지면 인근 주민들에게 생태적 재앙을 가져올 수 있기 때문에 차드, 니제르, 나이지리아, 카메룬은 공동으로 차드 호의 물 분배를 조사하고 있다.

차드 호가 완전히 사라지면 인근 주민들에게 생태적 재앙을 가져올 수 있기에 차드, 니제르, 나이지리아, 카메룬 4개국은 공동으로 '차드 호 유역 위원회'를 발족시켜 차드 호의 물 분배를 조사하고 있다.

기후 변화와 사람들의 무분별한 사용으로 급격하게 작아진 차드 호. 과연 차드 호가 다시 예전의 자리를 되찾을 수 있을까.

적도에도 눈과 얼음이 있을까?

태양이 이글거리는 적도지방은 1년 내내 습하고 뜨거운 지역이다. 지구의 가운데를 직선으로 가로지른 한 치 흔들림도 없는 선을 보면 오직 존재하는 것은 태양뿐이라는 생각이 들 정도이다. 적도는 지구의 기울기와는 무관하게 태양빛이 일정하게 쏟아진다. 그런 적도 근처에서 눈을

볼 수 있다는 것은 상상하기 어렵다.

하지만 적도 지역이어도 고도가 높은 곳은 춥고 얼음이 언다. 아프리카 서쪽에 불룩하게 튀어나온 부분의 아래에 위치한 카메룬의 높은 고원에 사는 사람들은 벽난로를 사용하고, 적도 바로 아래에 위치한 케냐의 수도 나이로비도 고도 1,700m의 고원 지대 평균 기온은 섭씨 19도이다. 7월에는 최고 온도가 23℃인데 최저 온도가 10℃밖에 안 되는 날도 있다. 적도 인근에 위치한 킬리만자로산이나 케냐산 등 높은 산들의 정상에선 365일 눈과 빙하를 볼 수 있다.

지구상에서는 고도가 100m 높아질 때마다 기온은 0.6℃씩 낮아진다. 적도에 있는 케냐산은 해발고도가 5,000m가 넘기 때문에 산의 정상에서는 온도가 지상보다 30℃가량 낮고 바람도 강하다. 아프리카에서 가장 높은 킬리만자로산(5,895m)의 정상에도 오랜 세월을 견딘 빙하를 볼 수 있음은 물론이다. 스와힐리어로 '빛나는 산'이라는 뜻을 가진 킬리만자로산의 만년설을 처음 본 헤밍웨이는 믿기지 않을 정도로 새하얀 빛깔의 산이라고 감탄했다. 현지인들은 킬리만자로는 살아 있으며, 만년설이 다 녹으면 화산이 폭발해 모두 죽는다는 전설을 믿고 있다.

킬리만자로(Kilimanjaro)
적도에서 가장 높은 산이자 아프리카의 최고봉인 킬리만자로의 정상에는 오랜 세월을 견딘 빙하가 있다. 절대로 녹지 않을 것이라고 믿었던 킬리만자로의 만년설은 지구 온난화로 위기를 맞고 있다.

최근 지구 온난화로 인한 기온 상승, 사막화의 진행, 대기 습도 변동, 강수량 감소, 수많은 관광객, 삼림 훼손 등은 이곳에 큰 영향을 끼치고 있다. 수십 년 전까지만 해도 절대로 녹지 않을 것이라고 믿었던 아프리카의 만년설도 녹고 있다. 특히 21세기 들어 만년설은 급격하게 사라지고 있다. 이 상태로라면 1만 7000년 동안 지속되어 온 적도의 하얀 신비는 2020년경이 되면 더 이상 볼 수 없을 것이다.

사막에서 천 년 동안 자라는 식물?

아프리카 남서 해안에 접한 나미비아에는 붉은 모래언덕들로 유명한 나미브 사막이 있다. 세상에서 가장 아름다운 사막으로 알려진 나미브 사막에는 세상에서 가장 못생긴 희귀식물, 웰위치아가 살고 있다. 웰위치아는 사막 북부의 카카오벨트의 바싹 메마른 모래밭에서 어쩌다 내리는 소량의 비에 의존해 천 년의 세월을 산다. 마구 뻗어 나온 헝클어진 잎들 때문에 세상에서 가장 오싹한 식물로도 불리는 웰위치아는 이슬만 먹고 천 년 이상을 견딘다. 웰위치아는 겉씨식물로 잎이 딱 두 장 난다. 커다란 무 모양을 한 이 식물의 줄기는 지하에 아주 깊이 박혀 가능한 한 많은 수분을 흡수해 잎을 키운다. 꽃받침 같은 두 장의 커다란 잎이 띠 모양으로 나며, 잎의 폭이 2m, 길이는 7m를 넘는다. 물 없이 살 수 없는 식물이 최악의 기후 조건을 가진 건조한 모래사막에서 땅속의 수분과 밤이슬만으로 천 년을 넘게 산다는 것은 불가사의한 일이다. 밤사이 잎에 맺힌 이슬을 흡수하는 특수한 구조를 가지고 있다고 하지만 그 생명력에 대해서는 의문이 풀리지 않고 있다. 사람의 발길이 잘 닿지 않는 곳에는 수령이 5000년이 넘는 웰위치아도 있을 수 있다고 한다.

절대로 무너지지 않는 최대 유적지의 비밀은?

1868년에 아프리카를 탐험하던 유럽인이 돌로 된 고대 성벽을 발견하였다. 그것은 바로 '대(大) 짐바브웨 유적(Great Zimbabwe National Monument)'이었다. 짐바브웨란 '돌의 집'이란 뜻으로, 나라 이름도 이 유적지의 이름에서 가져와 짐바브웨 공화국이 되었다. 거대한 돌집이라는 뜻인 대 짐바브웨 유적은 왕궁인 '아크로폴리스'와 종교적 의식을 치렀던 '신전', 그리고 '아크로폴리스'와 '신전' 사이에 있는 '계곡의 유적' 세 구역으로 나누어진다.

그 중에서 신전의 건축이 뛰어나다. 타원형의 석벽으로 2중으로 둘러싸인 신전의 넓이는 가장 긴 곳이 100m, 가장 짧은 곳이 80m나 되고 신전을 둘러싸고 있는 석벽의 높이도 10m나 된다.

짐바브웨 공화국(Republic of Zimbabwe)
아프리카 중남부에 위치하고, 수수께끼로 남아 있는 대 짐바브웨 유적이 있다. 짐바브웨는 돌로 만든 집이라는 뜻인데, 나라 이름도 이 유적지의 이름에서 가져왔다.

화강암을 다듬어 평평한 벽돌로 만든 다음 정교하게 쌓아 웅장한 석벽을 만들었는데, 석벽에는 어떤 접착 성분도 발라져 있지 않다. 돌이 포개져 쌓여 있을 뿐인데 벽돌 사이는 얼마나 정교한지 돌과 돌 사이에 얇은 판 하나도 들어가지 않는다. 접착제도 사용하지 않은 석벽은 비바람 속에서도 그 모습을 유지했으며, 만들어진 지 수백 년이 지났는데도 무너지지 않고 그 모습을 유지하고 있다. 매우 정교한 기술로 돌을 쌓아 올렸다는 것을 알 수 있다.

아프리카의 문화를 무시했던 19세기의 유럽인들은 대 짐바브웨 유적이 구약성서에 나오는 솔로몬 왕의 금광이었다거나 시바 여왕의 수도였다고 생각했다. 기원전 10세기 무렵의 이스라엘의 왕과 여왕이었던 솔로몬 왕과 시바 여왕의 도시였기 때문에 많은 보물이 숨겨져 있을 거라고 믿었다.

이런 소문 때문에 솔로몬의 황금을 찾기 위해 유적에는 도굴꾼이 들끓었고 중요한 유물들은 도굴되어 없어져 버렸다. 하지만 대 짐바브웨 유적은 솔로몬 왕과 시바 여왕과는 관계가 없다.

11세기 무렵에 쇼나족이 세웠다는 주장이 제기되었으나 오래전부터 이 지역에서 살고 있는 쇼나족의 부족 중 하나인 카랑가족은 움집에서 생활하는 전통을 이어가고 있기 때문에 이 웅장한 돌집을 누가 만들었는지에 대해서는 미스터리로 남아 있다.

대 짐바브웨 유적지(Great Zimbabwe National Monument)
고대 도시 유적지로 거대한 석벽과 신전 등이 발견되었다. 이 유적지는 11세기에서 15세기에 있었을 것으로 추정하는 반투 문명의 흔적을 잘 보여준다. 화강암을 다듬어 평평한 벽돌로 만든 다음 정교하게 쌓아 만들었는데 수백 년이 지나도 무너지지 않고 그 모습을 유지하고 있다.

대 짐바브웨 유적에서는 독특한 유물이 많이 출토되었고, 중국 도기 파편이나 아랍의 유리구슬, 페르시아의 채색자기, 인도의 불교염주 등이 발견되었다. 그 유물들을 통해 짐바브웨 유적에 살던 자들이 유럽과 교역하기 이전에 이미 아랍, 고대 중국, 페르시아, 인도 등과 무역의 교류가 있었다는 사실도 알 수 있었다. 하지만 중국, 아랍, 페르시아의 역사기록에는 이 지역에 대한 기록이 없고 대 짐바브웨 유적에는 문자로 된 유물이 발견되지 않아 비밀을 밝힐 방법이 없다.

chapter 14

남극, 북극의 미스터리

The Story of the World Map and Geography

도대체 북극은 어디서 어디까지를 말하는 것일까?

● 　　　남극은 대륙이니 당연히 그 경계를 확실하게 알아볼 수 있다. 하지만 육지가 없이 바다로만 이루어진 북극은 어떨까? 지구의 제일 위쪽이 북극점이니 그 주변이 북극인 것은 분명하지만 경계는 불분명하다. 지도를 살펴보아도 북극권의 경계가 명확하게 표시되어 있는 경우는 별로 없다.

'북극권'이란 '북위 66.5도 이북으로 일 년 중 낮의 길이가 가장 긴 하지에는 태양이 지지 않고 밤의 길이가 가장 긴 동지에는 태양이 수평선 위로 떠오르지 않는 지역'을 말한다. '여름의 평균 기온이 섭씨 10도 이하인 지역'을 북극권으로 보기도 한다.

지리학자들은 '삼림 한계선을 경계로 북쪽에 있는 지역'을 북극지방으로 본다. 삼림 한계선이란 침엽수림이 많은 지역에서 이끼나 풀만 자라는 지역으로 넘어가는 경계를 일컫는다. 삼림 한계선을 넘어 계속 북쪽으로 가다 보면 이끼류조차 사라지고 완전히 얼음뿐인 지역이 나오게 된다.

북극지방을 어떻게 정의하든, 미국 대륙과 유라시아 대륙의 일부, 그린란드의 최북단 일부가 북극권에 포함되고 그 면적은 유럽 전체의 약 2.5배에 달한다.

겉으로는 풀 한 포기 나지 않고 그나마 바다가 대부분이지만, 땅속에는 금과 은, 니켈, 코발트 같은 광물자원이 풍부하게 묻혀 있다. 석탄, 석유, 천연가스 역시 풍부하게 매장되어 있다.

이처럼 이 지역 부존자원의 잠재적 가치가 확인되면서 이미 북극권에 대한 국제적인 관심이 시작되었다. 민간 기업들은 캐나다 북단 철도와 항구 인수에 경쟁을 벌이고 있고, 근해 시추용 특수 유조선과 플랫폼 개발도 이미 시작되었다. 북극권에 인접한 나라들 외에 우리나라와 중국도 캐나다 빙하 지역 주민과 접촉하면서 지하자원 개발 사업을 타진하고 있다. 미국을 비롯한 각 나라는 이곳에 대한 연구 개발에도 많은 돈을 쏟아붓고 있다.

미국의 한 대학교수는 2050년의 세계를 전망한 자신의 책에서 과거 추운 날씨와 얼어붙은 땅 때문에 홀대받았던 북극권 주변 지역이 곧 글로벌 경제의 주요 엔진으로 부상할 것이라고 내다보기도 했다.

얼어붙은 땅에 새로운 문명이 움틀지 두고 볼 일이다.

푸른색으로 표시된 원 내부가 북극권

표류하는 빙산의 주인은 누구?

남극 대륙은 98%가 얼음으로 덮여 있어서 그 속에 얼마나 많은 지하자원이 묻혀 있는지 직접적으로 조사하기는 어렵다. 하지만 일부 노출된 부분과 다른 인접 대륙과의 관계를 살펴보면 엄청난 양의 자원이 있을 것으로 예상된다.

그렇다면 이 많은 자원의 주인은 누구일까? 누구든 먼저 발견하고 캐내는 사람의 몫일까?

남극 대륙을 최초로 발견한 영국이 1908년 처음으로 영유권을 주장한 이래로 뉴질랜드, 오스트레일리아, 프랑스, 노르웨이, 칠레, 아르헨티나 등이 남극 대륙에 대한 영유권을 주장하고 나선 바 있다.

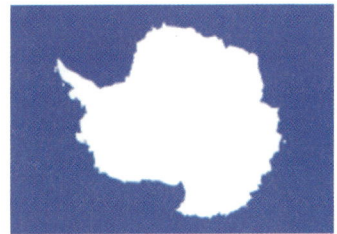

비공식 남극 깃발
공식적으로 선정된 남극기는 없으나 이것이 가장 널리 쓰이고 있다.

국토 대부분이 얼음으로 뒤덮인 남극 대륙의 모습

하지만 1959년 12월 남극 대륙을 조사하기 위해 대륙에 기지를 세운 12개국의 대표가 미국의 워싱턴에서 모여 남극 지역을 군사적 목적으로 사용하지 않고 평화적 목적으로만 사용할 것을 약속하는 남극조약을 체결했다.

조약을 체결한 나라 중에도 아르헨티나, 오스트레일리아, 칠레, 프랑스, 영국, 노르웨이, 뉴질랜드 등은 남극 대륙 일부의 영토권을 주장하면서 자원이 발견되면 발굴하기를 바라고 있다. 반면 미국과 러시아는 영토권과 자연 발굴권을 인정하지 않고 있다. 이처럼 남극 땅을 나누어 이익을 얻는 데 반대하는 사람들은 남극 대륙을 지구 최초의 '세계 공원'으로 조성하자고 주장하기도 한다.

1991년 남극조약협의 당사국회의에서는 '마드리드 의정서'를 채택하여 1995년부터 50년 동안 지하자원의 채굴을 금지했다.

현재 남극은 순수한 과학의 대상으로 규정되어 있고 과학조사의 자유보장을 위하여 과학정보, 과학자 및 과학조사 결과의 자유로운 이용을 규정하고 인류 공동의 유산으로 여기며 특정 국가의 영유권을 허용하지 않고 있다.

남극조약에 가입하고 있는 나라는 총 43개국이며 현재 우리나라를 비롯하여 18개국이 42개의 상주기지를 운영하고 있다. 우리나라는 킹조지 섬에 세종기지 1개를 운영하고 있다.

이처럼 남극 대륙은 어느 특정한 나라나 단체의 소유가 아니라 인류 전체가 공유하는 대륙이라고 할 수 있다.

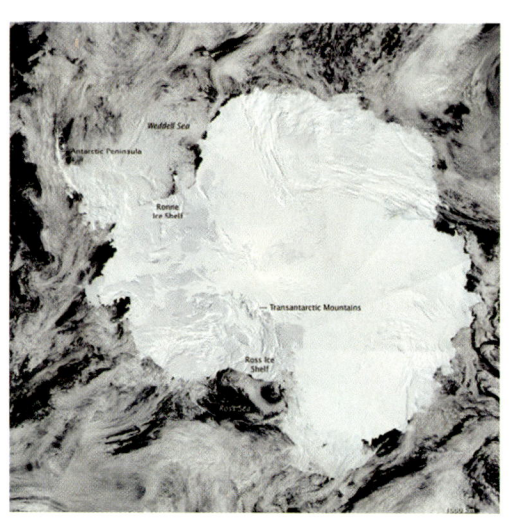
나사에서 촬영한 지구의 남극 바로 위에서 바라본 남극 대륙의 모습

그렇다면 남극 대륙에서 떨어져 나와 표류하는 빙산은 누구 것일까? 물론 남극 땅에 붙어 있을 때는 전 인류 공동의 소유였겠지만, 그 땅에서 떨어져 나온 이상 먼저 발견하여 이용하는 사람이 임자라고 할 수도 있지 않을까?

실제로 1991년 남극 대륙에서 떨어진 거대한 빙산이 남대서양을 표류한 적이 있었다. 이 빙산은 서울 면적의 열두 배나 되는 엄청나게 큰 것이었다.

공해상에 떠 있는 빙산은 공해상에 떠 있는 배와 마찬가지로 취급한다고 한다. 빙산을 마치 무국적선으로 다룬다는 말인데, 결국 표류 빙산은 그 어느 나라의 것도 아닌 셈이다.

똑같은 극지방이라도 남극이 북극보다 춥다!

적도에서 남북으로 가장 멀리 떨어진 두 곳, 위도도 비슷한 북극과 남극 지역은 위치만 다를 뿐 비슷할 것 같지만 전혀 그렇지 않다.

우선 북극은 북극해라는 바다로 되어 있지만 남극은 남극 대륙이라는 육지로 되어 있다. 이 점은 각기 지역의 기온에도 영향을 주어 대륙인 남극이 북극보다 더 춥다. 북극의 최저온도는 영하 67℃ 정도, 그러나 남극의 최저온도는 영하 89℃나 된다. 이렇게 기온이 다른 것은 바로 북극과 남극이 각기 바다와 육지로 그 환경이 다르기 때문이다.

바다는 쉽게 따뜻해지지도 않지만 쉽게 식지도 않는다. 그래서 바다는 기온을 조절하는 기능을 한다. 그런 특징 때문에 바다로만 돼 있는 북극은 기온이 쉽게 내려가지 않는다. 실제로 북극권에서 가장 추운 곳은 북극점이 아니다. 북극점에서 2,000km 더 남쪽으로 내려온 시베리아 베르호얀스크 지방이 북극권에서 가장 춥다.

그에 비해 대륙은 쉽게 데워지고 쉽게 식는다. 그래서 한 번 기온이 떨어지기 시작하면 쉽게 멈추지 않는다. 게다가 남극에서는 눈과 얼음이 태양빛을 반사하기 때문에 기온이 한층 더 낮아진다. 이 때문에 남극이 북극보다 더 춥다.

이런 환경의 차이는 또 빙하의 양에도 차이를 가져온다. 바다인 북극에는 빙하가 그렇게 많지 않다. 반면에 남극에는 북극보다 8배나 많은 빙하가 있다. 남극 대륙은 얼음으로 덮여 있고 거대한 빙산들도 많이 있다. 남극에 빙하가 얼마나 많은지 전 세계 빙하의 90%가 남극에 있다고 할 정도이다.

그러나 남극에 비해 북극의 추위가 덜하다고 해서 북극이 결코 생물이 살기 좋은 지역이라는 뜻은 아니다. 우리들이 살아가기에는 북극 역시도 너무 춥다는 사실에는 변함이 없다.

하와이의 거대한 파도가 남극에서 시작되었다고?

세계적으로 인기 높은 파도타기 장소 중 하나인 하와이 와이키키 해변. 그 와이키키 해변의 파도가 저 머나먼 남극해에서 밀려온다는 것이 사실일까?

남극에서 하와이까지는 직선 거리로도 1,300km나 떨어져 있기 때문에, 남극에서 발생한 파도가 그 먼 하와이까지 밀려간다는 것을 쉽게 믿기 어렵다. 하지만 실제로 측정을 해 본 결과 이것이 사실임이 증명되었다.

미국의 스크립스 연구소는 태평양 위 5개 지점과 하와이 호놀룰루에 파도의 고도를 측정하는 기계를 설치하고 동시에 파도를 측정했다. 그 결과 와이키키 해변에 밀려드는 파도는 남극 주변의 해역에서 그곳에서 부는 강풍 때문에 발생하는 파도라는 사실이 밝혀진 것이다.

남극 대륙 위에 사는 펭귄들

남극해에는 항상 강풍이 분다. 특히 겨울에는 남위 40~50도 부근 해역에서 형성되는 거대한 저기압이 맹렬한 태풍을 일으킨다. 이때 주변에 있는 배는 심하게 흔들리면서 그 속의 물건들이 함께 흔들려 식사를 하는 것은 물론 걷기도 힘들어진다.

와이키키 해변에서 파도타기를 즐기는 사람들
파도타기는 이곳에서 즐길 수 있는 주요 관광 상품 중 하나이다.

바로 이 맹렬한 태풍 때문에 바다에는 거대한 파도가 발생하고, 이렇게 발생한 거대한 파도가 너울이 되어 적도를 넘어 하와이 해변까지 밀려간다는 것이다. 하지만 하와이까지 밀려든 파도는 거기서 멈추지 않고 알래스카까지 나아간다. 놀라운 파도의 힘은 공기의 흔들림인 태풍보다도 더 먼 곳까지가 닿는 셈이다.

북극해를 덮고 있는 빙하들

하와이까지의 거리가 멀기 때문에 남극해의 태풍 때문에 생겨난 너울이 하와이에 도착할 무렵에는 파도타기에 가장 적합한 파도로 변하게 되는 것이다. 아마 그 파도를 타는 사람 중 그 누구도 자신이 남극해에서 생겨난 파도에 타고 있다고는 생각하지 못할 것이다. 하지만 사실을 알게 되면 파도를 타는 기분이 좀 더 짜릿하지 않을까.

남극에도 사막과 오아시스가 있다고?

남극에도 사막과 오아시스가 있다고 하면 믿을 수 있을까. 사막과 오아시스는 주로 더운 지방 사막 지대에서 발견된다.

'하얀 대륙'이라는 별명을 가진 남극 대륙은 대부분 얼음과 눈으로 덮여 있다. 하지만 그 중에는 눈과 얼음이 없이 지표가 그대로 드러난 곳도 있다. 남극 맥머도만 동북부에 있는 테일러 계곡, 라이트 계곡, 빅토리아 계곡으로 이루어진 협곡 지대가 바로 그런 곳이다. 이 일대는 200만 년 동안 비가 한 번도 내리지 않아 매우 건조하고 얼음과 눈이 전혀 없어 '드라이 밸리(건빙곡)'라고 불린다. 1903년 극지 탐험가인 로버트 팔콘 스코트(Robert Falcon Scott)가 처음 발견했다. 드라이 밸리의 환경은 마른 계곡과 호수, 화산과 산봉우리가 전부이다. 겉보기에는 사막과 매우 흡사한 환경이다.

하지만 드라이 밸리에 눈과 얼음이 없는 것은 기온이 따뜻하기 때문이 아니라, 이 지역에 끊임없이 부는 강풍 때문이다. 이곳은 지형적인 특징 때문에 끊임없이 강풍이 부는데 그 강풍 때문에 눈이 날려 쌓이지도 못하고 얼어붙지도 못하는 것이다. 이곳은 평균 기온이 영하 20℃를 밑도는 아주 쌀쌀한 지역이다. 겉보기에는 사막 같아도 기온은 아주 낮은 곳이다.

당연히 예상되는 일이지만, 드라이 밸리 일대에서는 생물을 거의 찾아볼 수 없다. 그러나 빙하에서 녹아내린 물이 흐르는 부분에서는 지의류나 조류 같은 하등 생물을 발견할 수도 있다. 드라이 밸리 끝부분에 있는 포아 호수 바닥에서는 지구상에서 가장 오래된 생명이라고 추정되는 원시 조류가 발견되기도 했다.

또 드라이 밸리의 건조한 갈색의 암반 곳곳에는 호수 물이 점점이 흩어져 있다. 이처럼 눈으로 덮이지 않은 땅이 노출되어 있으면서 곳곳에 호수 물이 있는 모양이 사람들에게 생명의 샘 같은 인상을 주기 때문에 '오아시스'라고 불리는 것이다. 현재 남극에는 20개 이상의 오아시스가 있다.

그렇다면 혹한의 남극 지방에 오아시스, 즉 얼지 않은 호수 물이 존재할 수 있는 것은 왜일까. 그것은 바로 돈 후안 호수 때문이다. 빅토리아 계곡에 있는 돈 후안 호수는 평균 기온이 영하 40~50℃에 이르는 극한의 땅에서도 얼지 않는다. 그 이

남극의 건빙곡, 드라이 밸리
아주 오랫동안 비도 오지 않고 눈도 쌓이지 않아 건조한 토지를 드러내고 있다. 화성과 비슷한 자연환경으로 중요한 연구적 가치를 지니고 있다.

얼음 사막 드라이 밸리(Dry Valley)
남극에서 눈과 빙하가 증발되어 사막처럼 암석과 건조한 지면이 드러난 일부 지형을 일컫는 것으로, 남극을 종단하는 산맥 안쪽에 위치해 있다. 가장 큰 규모의 드라이 밸리 빅토리아 랜드는 테일러 계곡(Taylor Valley), 라이트 계곡(Wright Valley), 빅토리아 계곡(Victoria Valley) 세 개의 골짜기로 이루어져 있다.
Photo by Hosung Chung

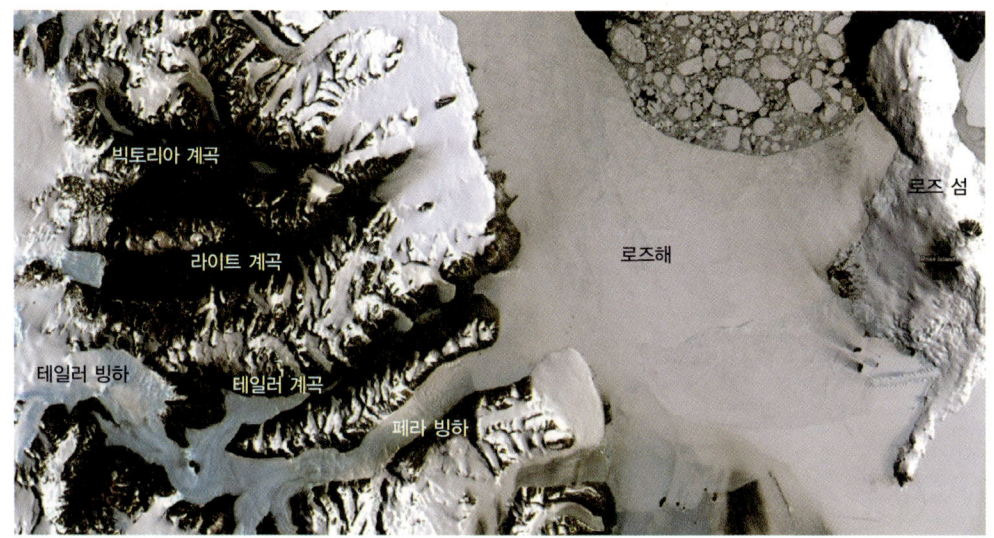

지도상의 테일러 계곡, 라이트 계곡, 빅토리아 계곡으로 이루어진 협곡 지역이 바로 건빙곡이다.

유는 돈 후안 호수의 주성분이 염화칼륨이기 때문이다. 이 염화칼륨은 저온에서도 얼지 않는 특성을 갖고 있다.

드라이 밸리에는 돈 후안 호수 외에 몇 개의 호수가 더 있지만, 얼지 않는 호수는 돈 후안 호수뿐이다. 돈 후안 호수는 그야말로 남극의 오아시스와도 같은 존재인 셈이다.

또한 드라이 밸리는 아득한 먼 옛날 지구에 살았을 생명을 연구하는 데 중요한 실마리를 제공하는 지역이다. 생물뿐만 아니라 암석 역시 아주 오래전의 것을 채집할 수 있기 때문에 많은 과학자들이 주목하고 있다.

남극의 사막과 오아시스는 어쩌면 진짜 사막과 오아시스보다 더 쓸모가 많을지도 모르겠다.

남극 대륙에 거꾸로 흐르는 강이 있다?

강물이 상류에서 하류로 흐른다는 것은 상식 중에 상식이다. 그런데 반대로 하류에서 상류로 흐르는 강이 있다고? 남극 대륙의 유일한 강이라 할 수 있는 오닉스강이 바로 그런 강이다.

꽁꽁 얼어붙은 남극 대륙에 물이 흐르는 강이 있다는 사실도 놀라운데 심지어 거꾸로 흐르기까지 한다니 놀라운 일이 아닐 수 없다.

오닉스강은 앞에서 말한 드라이 계곡 중에서도 라이트 밸리 부근을 흐르는 강으로 빙하가 녹는 여름의 해빙기 동안만 흐른다.

라이트 계곡의 입구 근처에는 산록 빙하가 발달하여 골짜기와 바다를 분리시키고 있다. 이 골짜기의 중간에 약 14km² 면적의 반다호가 있고, 그 지점에서 24km 떨어진 계곡 하류에 라이트호가 있다. 라이트호에서 반다호 쪽으로 흐르는 강물이 바로 오닉스강이다.

오닉스강은 라이트호에 모인 융빙수가 호수를 흘러넘치면서 흐르기 시작한다. 산악 빙하에서 골짜기로 떨어지는 여러 가닥의 융빙수가 합류하면서 유량이 증가하여, 골짜기 하류로부터 바다 반대쪽에 위치한 반다호 쪽

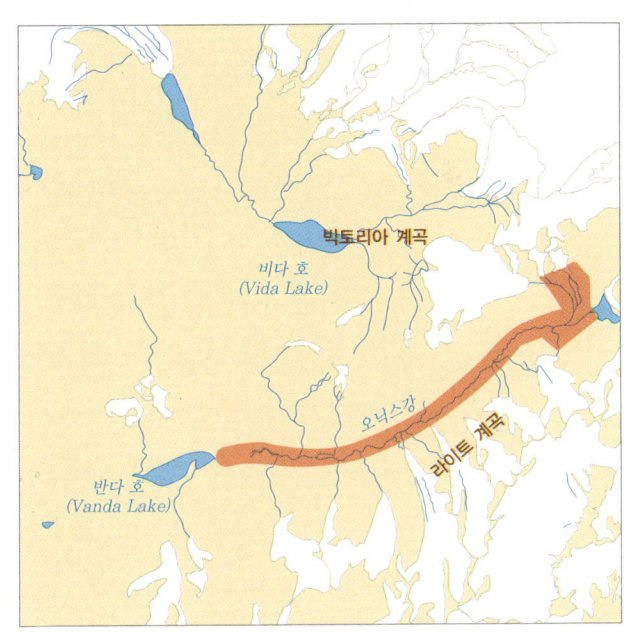

라이트 계곡 부근을 흐르는 오닉스강

오닉스강 하류
골짜기 하류에서 상류의 반다 호로 유입되는 오닉스강. 하루 20만 톤의 유량이 관측되었다.

으로 흐르는 것이다. 강의 길이는 30km 정도이고 11월 하순부터 흐르기 시작하여 햇살이 약해지는 2월에 멈춘다. 유량이 많을 때는 하루에 20만 톤의 물이 반다호로 유입된다고 한다.

이처럼 강이 거꾸로 흐르는 이유는 비교적 단순하다. 라이트 밸리의 계곡 하류인 라이트호의 해발이 305m 정도인 데 반해 계곡 중앙에 위치한 반다호의 수면은 해발 95m 정도로 낮다. 그래서 낮은 곳에서 높은 곳으로 강물이 흐르는 것뿐이다.

얼음 대륙 남극에 노천 온천이?

추운 겨울날 뜨끈뜨끈한 노천 온천에 몸을 담그고 있노라면 겨울 특유의 낭만과 정취를 느낄 수 있다. 노천 온천을 즐기는 동안 눈이라도 내린다면 그 기분은 이루 말로 표현할 수 없을 것이다. 그런데 세계에는 눈 정도가 아니라 빙산을 바라보며 온천을 즐길 수 있는 곳들이 있다. 그 중 하나가 바로 남극의 디셉션 섬이다.

디셉션 섬은 남극 대륙에서 남아메리카 방향으로 뻗은 남극 반도의 끄트머리 사우스셰틀랜드 제도에 위치해 있다. 이 섬은 해저 화산의 정상 부분이 수면 위로 돌출되어 만들어진 화산 섬으로 섬 중앙은 칼데라호로 되어 있어 상공에서 보면 섬 전체가 마치 말굽 같은 형태를 하고 있다.

말굽형 모양의 화산 섬, 디셉션 섬
남극 북서쪽 남셰틀랜드 군도(현재 포스터만) 중에 위치한 디셉션 섬은 해저 화산의 정상 부분으로 1960년 말과 1970년 초에 두 차례의 폭발이 일어났다. 지열 지대가 있고 온천이 솟아나고 있는 디셉션 섬은 남극해에서 유일하게 해수욕을 할 수 있는 곳이다.

디셉션 섬
디셉션 섬은 남극 대륙에서 남아프리카 방향으로 뻗은 남극 반도의 끝부분에 위치해 있다.

디셉션 섬에는 섬 안쪽의 해안선을 따라 1m 정도의 폭으로 바닷속에서 뜨거운 온천이 솟아오르는 부분이 있다. 이 특이한 지대는 1970년에 일어난 화산 폭발로 생겨났는데 바로 그 지열이 얼음장같이 차가운 남극의 바닷물을 데워 주는 것이다.

지열 지대 주변의 해수는 0℃ 이하이지만 온천수가 솟아오르는 부분은 섭씨 100도가 넘는다. 바닷가와 온천수 사이를 잘 찾아보면 온천욕을 즐기기에 적당한 온도의 해수를 찾을 수 있다.

남극은 연구원이나 탐험대만 가는 곳이라고 생각하기 쉽겠지만, 최근에는 관광객도 많이 늘고 있다. 그 중에서도 특히 인기를 끄는 곳은 물론 이곳 디셉션 섬이다.

디셉션 섬 외에 북극해 가까이에 위치한 아이슬란드에도 빙하를 보며 온천욕을 즐길 수 있는 장소가 있다. 아이슬란드의 남동쪽에 있는 바트나요쿨 빙하 밑에서는 아직도 화산이 활동하며 열을 내뿜고 있다. 그 화산이 내

아이슬란드 남동쪽에 위치한 바트나요쿨 빙하

뿜는 열이 몇 천 년 전에 형성된 빙하를 녹여 섭씨 43도가량의 딱 적당한 온도의 온천을 만들어 내고 있다. 이 바트나요쿨 빙하의 온천에는 빙하가 녹아내려 생긴 구멍이 있는데 그곳으로도 들어가 온천을 즐길 수 있다. 그러니 바트나요쿨에서는 빙하를 보는 정도가 아니라 빙하 밑에서 온천을 즐길 수도 있는 셈이다!

수수께끼의 지하 호수 보스토크는 어디에?

지구상에서 가장 추운 곳은 어디일까? 남극, 그 중에서도 가장 추운 곳은 러시아의 남극 기지가 위치한 보스토크이다. 남극점에서 동남쪽으로 1,250km 떨어진 빙하고원 지대에 위치한 이곳은 연평균 기온이 영하 55℃이고, 영하 89℃까지 떨어져 세계 최저 기온을 기록한 바 있다.

섭씨 0도에서 얼어 버리는 물이 평균 기온 영하 55℃인 이곳에 존재할 수 있을까? 물론 불가능하다는 것이 1977년까지의 과학자들의 생각이었다. 그런데 이 추운 곳에 그것도 지하 3,700m 아래에

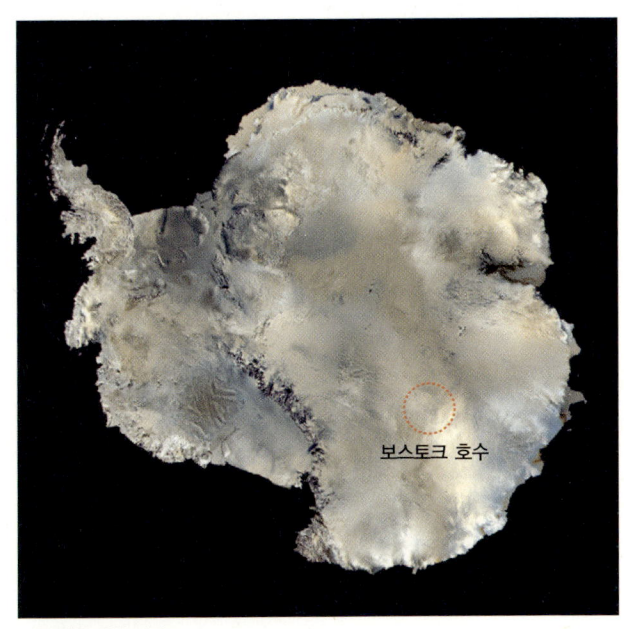

남극 대륙 위성 사진
남극 기지가 위치한 보스토크 지역의 두꺼운 얼음 아래에는 전 세계의 민물 호수 5%에 달하는 수량을 갖고 있는 호수가 있다. 남극 대륙 위에 점선으로 표시한 지역이 호수가 있는 위치로 시추 작업이 진행 중이다.

호수가 존재한다는 사실이 밝혀졌다. '보스토크 호수'라고 명명된 이 호수의 비밀을 밝히기 위해 인공위성과 갖가지 첨단 탐사 장비가 동원된 끝에 이곳에 우리나라의 충청남북도를 합한 것과 비슷한 크기의 호수가 존재한다는 사실이 1990년대에 밝혀졌다. 호수의 수심은 깊은 곳이 800m나 되고 얕은 곳은 200m라고 한다. 민물로 추정되는 이 호수의 물의 양은 전 세계 민물 호수의 5%나 되는 것으로 보인다.

그러면 과연 어떻게 이토록 추운 지방에 얼지 않은 호수가 존재하게 된 것일까? 약 1500만 년 이상 전 남극 대륙이 두꺼운 얼음으로 덮이기 전에 지각변동에 의해 거대한 호수가 생겼고 그 뒤 눈에 덮였지만 지열 때문에 녹아서 얼음 속 호수가 생긴 것으로 과학자들은 추정하고 있다. 그 후 두꺼운 빙하는 극지방의 차가운 공기를 차단해 줄 뿐만 아니라 지구 내부에서 나오는 지열이 새어 나가는 것도 막아 주었기 때문에 호수는 계속해서 얼

나사에서 촬영한 남극 빙하
남극 대륙을 시트처럼 덮고 있는 빙하가 끝없이 펼쳐져 있다.

지 않고 존재할 수 있었으리라는 것이다.

　과학자들은 보스토크 호수가 남극 대륙이 얼어붙기 전인 1600만 년 전에 형성되었기 때문에 그 후로 지상과 격리된 호수에 지상과는 전혀 다른 새로운 생물이 살고 있을 가능성에 주목하고 있다. 호수의 비밀을 밝히기 위해 러시아는 1989년부터 다른 나라와 함께 직접 땅을 파고 들어가는 작업을 시작했다.

　시추 과정에서 채취한 '보스토크 빙심(Vostok Ice Core)'은 지난 40만 년 동안 지구의 이산화탄소 양의 증가와 대기 사이의 상관관계를 보여 주면서 그간 지구 기후가 네 차례 바뀌었다는 사실을 알려 주었다.

　1998년에는 3,623m 깊이까지 파 들어갔으나 시추 작업이 호수를 오염시킬 것을 염려한 세계 각국의 반대로 작업을 중단했다. 그 후 다시 시추를 시작하여 현재 호수까지 약 100m만을 남겨두고 있는 상태이다. 2011년에는 호수에 도달할 수 있을 것으로 예상하고 있다.

　과연 1600만 년 전의 물은 어떤 신비를 간직하고 있을까? 그 긴 시간 보스토크 호수에는 어떤 생명체가 진화하며 살고 있을까? 그 비밀이 밝혀질 날이 기다려진다.

풀리지 않는 지구의 미스터리

'아담의 다리'는 진짜 인공 구조물일까?

1994년 4월 9일 미국 휴스턴에서 발사된 우주왕복선 인데버 호는 인도양을 정밀 촬영하다가 이상한 것을 발견했다. 인도 남부와 스리랑카 사이에 위치한 폴크 해협에 정체를 알 수 없는 해저 연결선이 있는 것을 발견한 것이다. 마치 사람이 뛰어서 바다를 건널 수 있도록 돌다리가 놓여 있는 것처럼 보였다. 미 항공우주국(NASA)은 이 연결선을 정밀 분석한 결과 오래전에 만들어진 거대한 다리임을 밝혀내고 이를 '아담의 다리(Adam's Bridge)'라고 이름 붙였다.

그런데 이 지역의 특성과 형태를 분석한 학자들이 놀랍게도 이 다리가 175만 년 전에 쓰여졌다는 힌두교의 서사시 〈라마야나〉에 쓰여진 내용과 정확히 일치한다는 것을 밝히게 되면서, 이곳은 미스터리 지역으로 알려지게 되었다.

〈라마야나〉에 따르면 그 주인공 라마 왕자는 유괴된 아내 시타를 구하기 위해 자기의 군대를 인도에서 실론(지금의 스리랑카)으로 보내려고 거대한 둑길을 건설했다. '아담'이란 스리랑카에 있는 산 이름인데 라마 왕자가 스리랑카에 납치된 부인이 순결을 잃었다고 오해하고 그 산에서 천 년 동안 한쪽 발로 서 있었다고 한다. 그래서 이 다리를 산의 이름을 따서 '아담의 다리'라고도 하고 왕자의 이름을 따서 '라마의 다리'라고 한다는 것이다. 현재 발견된 다리는 바로 그 '라마의 다리'의 잔재라는 것이다.

이 다리를 서양에서 '아담의 다리'라고 부르는 또 다른 이유는 아마도 구약성서에 나오는 아담이 아담의 산에 오르기 위해 이 다리를 이용했다는 이슬람교의 전설 때문일 것이다. 아담은 아담의 산에서 천 년 동안 한 발로 서서 회개를 했고, 거기에 발자국처럼 생긴 커다란 구멍을 남겼다고 한다.

그러나 '아담의 다리'가 인공적으로 만들어진 다리가 아니라 자연물이라고 하는 학자들도 많다. 학자들은 이것이 수천 년 전에 해발이 높아지면서 형성된 세계에서 가장 큰 육계사주(陸繫砂洲), 즉 섬과 다른 육지를 연결하는 모래톱이라고 한다. 이것은 한때 인도와 스리랑카가 연결되었다는 것을 암시한다. 15세기에 폭풍 때문에 이 해협이 깊어지기 전에는 그 위를 걸어 다닐 수 있었다는 말도 있다. 아담의 다리가 1480년 사이클론에 무너질 때까지 해수면 위에 있었다는 기록도 있다.

또 어떤 과학자들은 아담의 다리의 북쪽은 시계 반대방향으로, 남쪽은 시계방향으로 흐르는 해안 조류 때문에 선형 모래톱 위에 산호초가 쌓이면서 조류가 만나는 지역에 한 줄 형태로 모래가 쌓인 것으로 추측하기도 한다.

폴크 해협에 위치한 아담의 다리

아담의 다리가 옛 문명의 흔적인지 자연현상의 결과물인지에 대해서는 여전히 의견이 분분하다.

찾아보기

지도

15세기의 콜럼버스 지도　108
고구려 별자리 지도　100
고흐 지도　106
글로벌 디지털 표고자료　80
남극　275
달 지도　55

대한민국 지도
강원도도　60
곤여만국전도　116
대동여지도　67, 68
대동여지전도　66
샌프란시스코 평화조약시 작성한 지도　70
여지도　65
조선 팔도 지도　71
청구도　135

런던 지하철 노선도　76
로제르의 서　98
메르카토르 도법 지도　15
물개 가죽 지도　56
바빌로니아 점토판 지도　36, 37
발카모니카 바위지도　37
빈란드 지도　51
산해여지전도　115

세계지도
19세기 세계지도(월터 크레인)　143
곤여만국전도(마테오리치)　118
곤여만국전도(조선)　116
블라외 세계지도　114
산해여지전도　115
세계의 무대　113
스튜어트 맥아더의 세계지도　19
시바 고칸의 지구전도　137
에라토스테네스의 세계지도　92
조선의 여지전도　133
중국의 여지전도　133
천하도　62
칸티노 세계지도　108
프레데릭 드위트 세계지도　124
프톨레마이오스 세계지도　107
요하네 슈니처 지도　93
플란치오 세계지도　111
헨리쿠스 혼디우스의 동서양 반구도　114
혼일강리역대국지지도　121
현대 지도　17

쓰나미 파고 예상 지도　83

아메리카 지도
들리즐의 아메리카 지도　140
상송의 북아메리카 지도　125
드위트의 아메리카지도　140
피리 이븐 하지 메메드의 남아메리카 지도　53

아시아 지도
1679년 파리 발행 일본 지도　149
1857년 인도 지도　129
들리즐의 인도 중국 지도　149
블라외의 지도　119
세닉스의 아시아 지도　150
신중국지도총람　132
여지도　65
인도 지도(카에리우스)　129
테이세이라-오르텔리우스의 일본 열도 지도　119
혼디우스의 중국 지도　119
힌두스탄 or 인도 지도　129
현대 지도　30
아틀란티스 지도(야타나시우스 키르허)　153

아프리카 지도
16세기 아프리카 지도　144
1800년대 지도　26
1884년 아프리카 지도　144
1914년 지도　26
2005년 아프리카 지도　144
메르카토르-혼디우스 지도　144
아프리카 목판본 지도　144
현대 지도　26, 251, 255, 258, 260
앤디 워홀의 군사 지도　79
예루살렘 지도　180

오스트레일리아 지도
새뮤얼 버틀러의 지도　130
현대 지도　200, 239, 243
이그드라실　39
이탈리아 바위지도　37

중동 지도
18세기 중동 지역　146
카탈루냐 지도　103
카드 맵　82
카탈루냐 지도첩　102
키 맵　82

태평양 지도
태평양 지도(샤틀렌)　127
태평양 지도(오르텔리우스)　126
프란츠 요안나 조세프 반 레일리의 남태평양 지도　130
TO 지도

INDEX

알 이드리시 세계지도	97	
엡스토르프 세계지도	106	
초기의 TO 지도	47	
헤어포드 마파 문디	47	
페터스 도법 지도	15	
포이팅거 지도	40, 41	
피치가노 지도	50	
해리 벡의 'The Great Bear'	77	

지명

갸우(Gja)	193
과들루프 섬	48
그린란드	14, 50, 194, 234
나미브 사막	259
나미비아	259
나우루 공화국	247
남극 대륙	52, 265, 267, 268, 270, 273, 277
남극해	268, 274
남아메리카	14, 23, 53, 110, 215
남중국해	44
네덜란드	110, 123, 168 ,197, 222
노르웨이	190
누란 왕국	158
다이오미드 섬	213
도미니카 공화국	74
도버 해협	172
독도	59, 60, 70, 135
돈 후안 호수	271
동해	71, 147, 148
드라이 밸리	270
디셉션 섬	274
라이트 밸리	270, 273
라이트 호	273
로트네스트 섬	241
로프노르 호수	157
말라카 해협	168
모나코	197, 207
모로코	31, 251
몰타 기사단국	204
무 대륙	86
뮌헨	197
미국	213, 217, 219, 221
미시시피강	222
미얀마	169
바스크 지방	200
바이칼 호수	159
바트나요쿨	276
바티칸	31, 199, 202
발트 3국	186
백해	32
베링 해협	127, 191, 213
보스토크 호수	277
북극 대륙	191, 263, 267
북극해	32, 43, 210, 276
북아메리카	14, 50, 110, 125, 139, 141, 192, 219, 220
브라질	226
사하라 사막	253
사할린	29
사해	165
스칸디나비아 반도	96
싱벨리어 국립공원	193
아담의 다리	280
아드리아해	44
아라비아해	44
아르헨티나	148, 215, 216
아마존강	226, 235
아마파주	226
아메리카	44, 109, 125, 139, 210
아무네마틴산	162
아이슬란드	192, 276
아이티	74
아조레스 제도	28
아틀란티스	152
아프가니스탄	128
안도라 공국	187
알래스카	213, 216, 231
알제	251
알제리	251
에베레스트산	160
영국 해안(일본)	171
영국	27, 46, 76, 141, 148, 172, 210, 265
예루살렘	178
오닉스강	273
오스트레일리아	18, 23, 130, 239, 241, 243
오카	223
요르단	165
우루과이	228
이스라엘	145, 165, 178
이스탄불	183
이탈리아	35, 107, 188, 197, 202, 204, 210
인도	23, 28, 39, 98, 128, 280
인도네시아	164, 168

찾아보기 · 283

인도양 42
일본 29, 70, 118, 135 147, 171
일본해 147, 150
적도 27, 257
적도지방 257
조선 59, 61, 63, 100, 112, 120, 131, 133, 134
중국 20, 28, 48, 61, 99, 115, 131, 157, 160, 162, 170, 175, 237
중동 31, 102, 145
지중해 208
진도 173
짐바브웨 260
차드 호수 256
카슈미르 28
카스피해 44, 183
칼리닌그라드 185
캐나다 223, 227
케냐산 258
코스타리카 230
쿠릴 열도 29
퀸즐랜드주 239
크리스마스 섬 245
킬리만자로산 258
태평양 42, 86, 110, 126, 130, 213, 224, 239, 247
터키 33, 52, 183, 211
투발루 199
파키스탄 28
퍼스 241, 243
페리토모레노 국립공원 216

페즈 251
포 코너즈 219
포클랜드 제도 147
폴크 해협 280
푸에르토리코 50
프랑스 25, 28, 123, 125, 141, 148, 187, 197, 200, 207, 210
핑크레이크 241
하와이 섬 224, 268
홍해 32
황해 32, 44
흑해 32, 44
히말라야산 161
히말라야 산맥 128, 160, 162

인물

갈릴레이 55
기욤 들리즐 139, 141, 150
김정호 63, 66, 133, 134
니콜라 상송 125
라 페루즈 150
로버트 팔콘 스코트 270
마테오리치 115, 118, 121, 133
매튜 파리스 105
메르카토르 111, 123
멘지스 48
미야자와 겐지 172
배수 99
비투스 베링 127
빌렘 얀스준 블라외 119, 120, 173

사이몬 패터슨 77
스벤 헤딘 158
스튜어트 맥아더 18
시바 고칸 136
신헌 64
아낙시만드로스 91
아르노 페터스 14
알 마문 95
알 이드리시 96
알프레드 베게너 24
앤드루 워 129
앤디 워홀 78
양성지 120
에라토스테네스 92
에리크 194
오르텔리우스 112, 118, 126
요도쿠스 혼디우스 113
요제프 피셔 52
요하네 슈니처 93
월리스 헤스 73
월터 크레인 143
장 바티스트 부르기뇽 당빌 131, 132
정화 49
제임스 리넬 128
제임스 처치워드 86
제임스 쿡 130, 231
조지 에버리스트 128
찰스 햅굿 54
체 게바라 215
최한기 64

추크치족	56
카에리우스	112, 129
콜럼버스	48, 49, 109, 231
키플링	43
테이세이라	118
토머스 해리엇	55
퍼플	141
포이팅거	38
프레데릭 드위트	123, 140
프리도프 난센	228
프톨레마이오스	44, 93, 107
플란치오	111
플린더스	130
피리 이븐 하지 메메드	53
피켈	38
필립 에반스	73
해리 벡(Harry Beck)	77
헨리쿠스 혼디우스	114

지도 작법

릴리프 기법	21
메르카토르 도법	13
삼각측량	123
수준측량	123
스위스 수법	22
페터스 도법	14

기타

경도	27, 124, 125, 170
구글 어스	85
그레이트베리어리프	239
그리니치 천문대	27
대륙이동설	23
로이히 해산	225
멕시코 난류	191
미국 해양대기청	83
번왕국	28
본초자오선	27

북극권	263
삼림 한계선	263
아발론	45
에어즈록	245
열점	224
오천축국도	101
옴팔로스 증후군	17
웨이브록	243
웰위치아	259
위도	27, 94
이그드라실	39
이누이트족	233
지구구형설	92
켈트족	210
크로노미터	126
판구조론	24
포로로카 현상	235
해할	175
화이관	61

● 참고 사이트

- http://maps.bpl.org
 The Norman B. Leventhal Map Center에서 운영하는 지도 사이트. 지역별, 연대별, 제작자별로 지도를 검색할 수 있다.

- http://www2.odl.ox.ac.uk
 옥스퍼드 대학 도서관에서 제공하는 서비스 사이트. 주제에 맞게 지도를 검색할 수 있다.

- http://www.helmink.com
 고지도 판매 사이트로 16~17세기 이전의 지도 자료를 찾아볼 수 있다.

- http://ancientworldmaps.blogspot.com
 지도 역사에서 꼭 살펴봐야 할 지도를 각 세기별로 분류하여 제공하는 사이트. 간략한 설명과 함께 아름다운 지도를 볼 수 있다.

- http://www.ngii.go.kr
 국토해양부에서 운영하는 국토지리정보원 사이트. 세계지도, 대한민국 주변도, 전도, 검색 서비스를 제공하고 있다.

※ 본 책에 실린 지도 상의 나라명과 지리명은 국토지리정보원에서 제공하는 지도의 한글식 표기에 맞춰 표기하였습니다.

상식으로 꼭 알아야 할

세계지도 지리 이야기

초판 1쇄 발행   2011년 5월 25일
초판 5쇄 발행   2021년 7월 15일

저　자 | 디딤
그　림 | 서영철

발 행 인 | 신재석
발 행 처 | (주)삼양미디어
등록번호 | 제 10-2285호
주　소 | 서울시 마포구 양화로 6길 9-28
전　화 | 02 335 3030
팩　스 | 02 335 2070
홈페이지 | www.samyang𝓂.com

ISBN | 978-89-5897-213-6(13300)

* 이 책의 전부 또는 일부를 이용하려면 반드시 (주)삼양미디어의 동의를 받아야 합니다.
* 잘못된 책은 구입하신 서점에서 바꾸어 드립니다.